沖縄・西表炭鉱 坑夫聞き書き １９７２

古見の集落

古見の廃屋

北部海岸線を徒歩にて

中野地区の炭坑坑口跡①

坑口跡②

坑口跡③

坑口跡④

浦内川流域（宇多良炭坑）のトロッコ橋脚跡①

トロッコ橋脚跡②

トロッコ橋脚跡③

トロッコ橋脚跡④

トロッコ橋脚跡⑤

石炭積み出し桟橋跡①

桟橋跡②

記録映画『アカマタの歌』（1973）のポスター

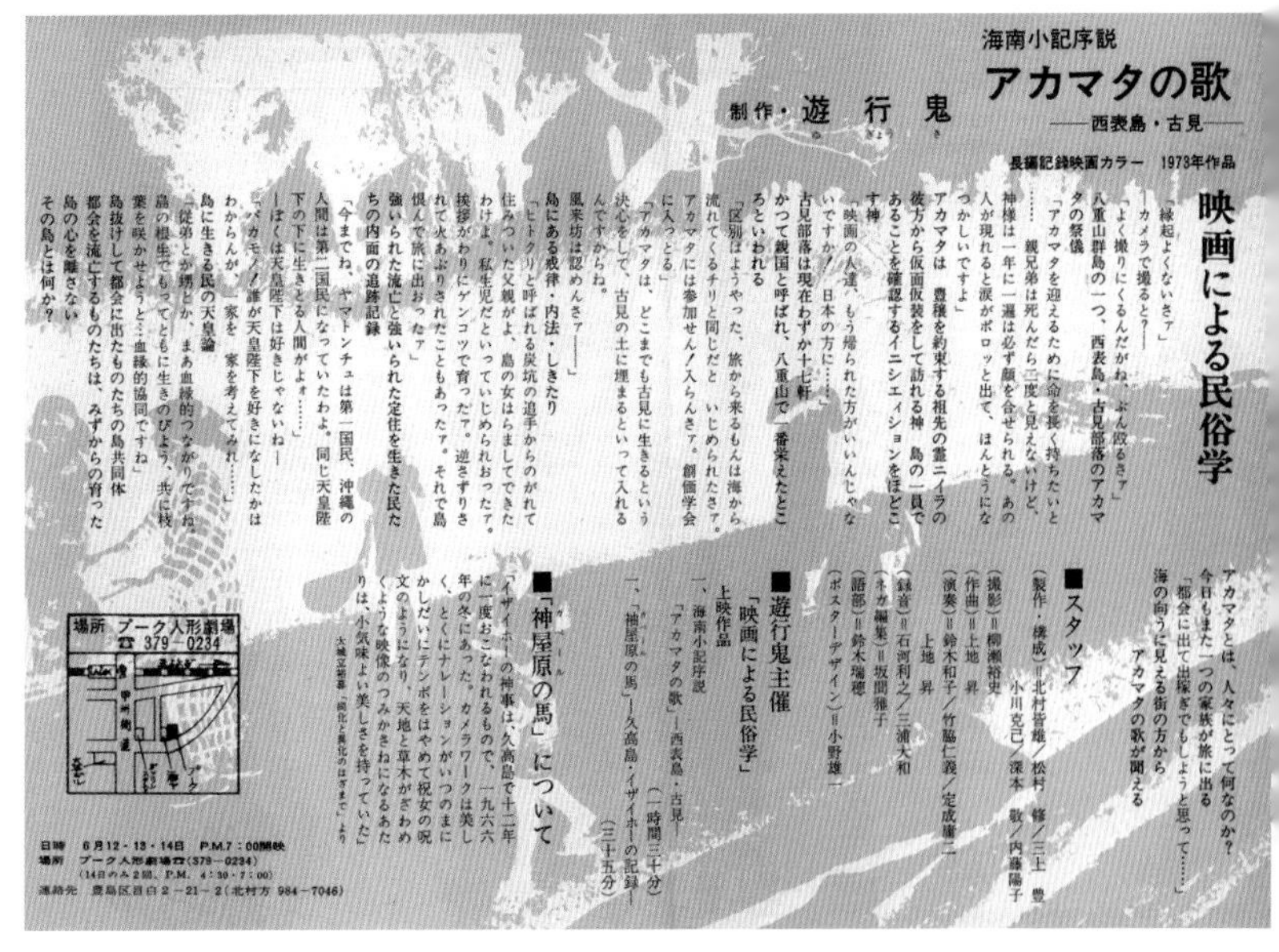

第１回上映会のチラシ

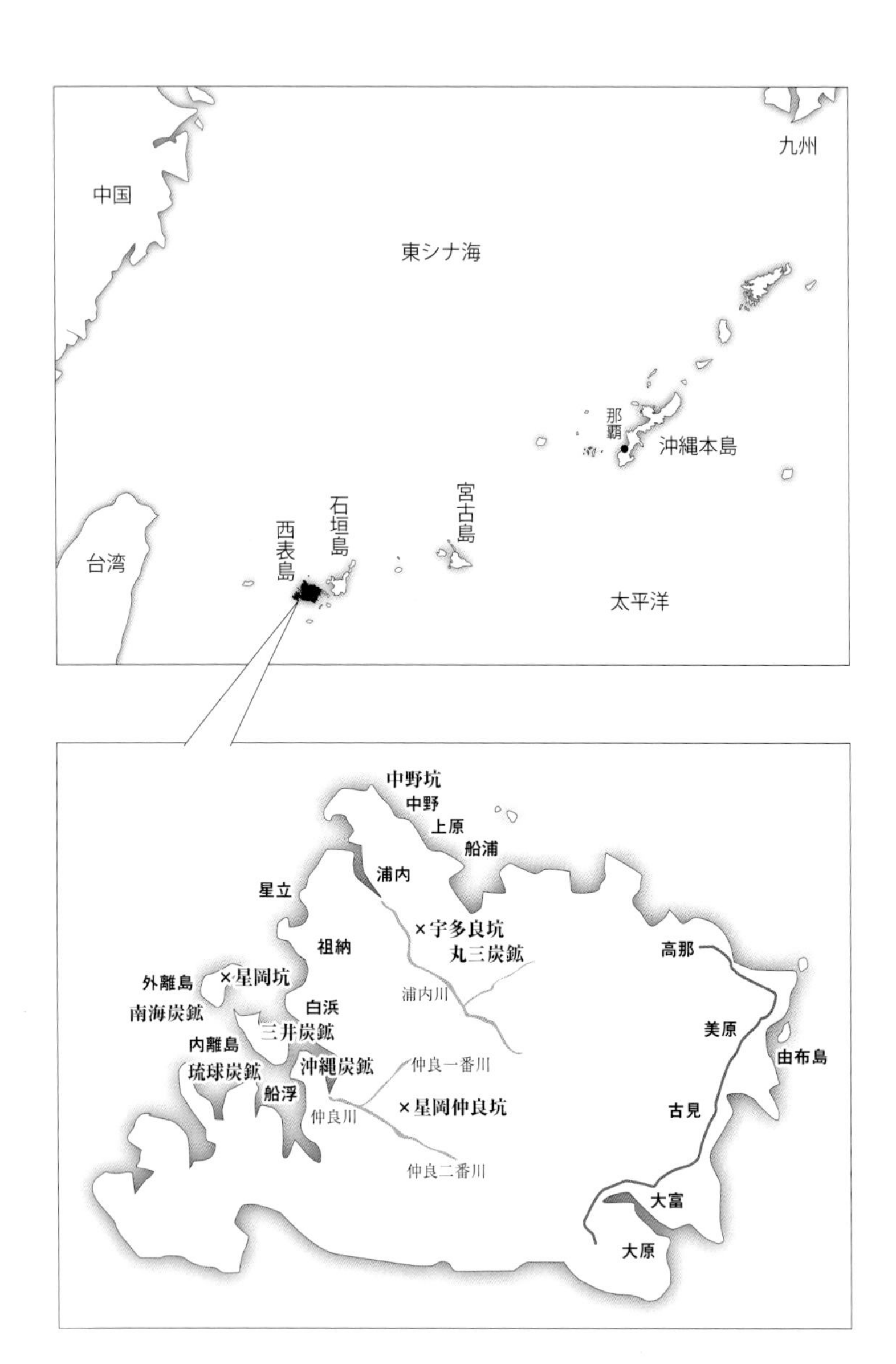
九州
中国
東シナ海
那覇
沖縄本島
宮古島
石垣島
西表島
台湾
太平洋
中野坑
中野
上原
船浦
浦内
星立
×宇多良坑
丸三炭鉱
祖納
高那
外離島
×星岡坑
浦内川
白浜
南海炭鉱
三井炭鉱
美原
由布島
内離島
沖縄炭鉱
仲良一番川
琉球炭鉱
船浮
×星岡仲良坑
仲良川
古見
仲良二番川
大富
大原

沖縄・西表炭鉱　坑夫聞き書き　１９７２

はじめに

これは、今も上映されている映画、『**アカマタの歌――**海南小記序説／西表島・古見』[*1]の映像制作時に、映画の中にも出てくる村の人たちから聞いた話をもとに、西表島西部炭鉱生き残り元坑夫を聞き取り撮影したテープの書き起こし記録である。

昭和四十七年七月末、私たちは「沖縄西表島古見、アカマタ・クロマタの祭祀」の秘儀を撮影するため古見に向かった。かつて、八重山諸島の人々から「親国（うやぐに）」と呼ばれ、八重山で一番栄えたところといわれた古見は、十七軒六十七名が暮らしているが衰退に向かっている村でもあった。この村の「アカマタの祭り」の時には石垣島や本島、那覇へ移住した人、東京や大阪に働きに出ている人たちが祭りを担うために帰って来る。

祭り初日の夜、村の青年たちが我々の所ところに押しかけて来て「祭りは撮るな、隠し撮りや勝手なことをしたらぶっ殺す」と言い、我々は身の危険を感じるほどに脅かされ、撮ることを拒否された。想像していたことではあったが、あまりの剣幕にやむなく我々は撮影機材等を置き、撮ることをやめた。しかし祭りを観ることはできた。祭りが終わったあと村の十七軒の家族を撮影させてもらいながら話を聞いて回った。[*2]

話の中で炭鉱から逃げてきた人をかくまった話や、逃げてきた坑夫と親しくなった村の女の人との間に生まれた人の話などを聞いて、我々は炭鉱生き残り元坑夫の人たちへの聞き取り撮影に向かった。当時、東部古見から西部へ行くための道路は北部高那までしかなかったため、その先は北部海岸線を徒歩で行くしかなかった。

この度の書籍化にあたり、『**アカマタの歌**――海南小記序説／西表島・古見』の映画には、内容と時間の都合で紹介できなかった方々や、部分的にしか紹介できなかった方々の書き起こし原稿を読み易くするため、質問応答形式でない、本人の一人称に書き改められた原稿を再検証整理して清書作業を行なうなかで疑問が湧いてきた。それは、話をしてくれた方たちがこんなに理路整然と話していただろうか、ということだった。当時感じていた言葉と言葉の間(ま)に込められた思いや感情とか、間の意味する言葉の雰囲気や味とかがまったくなくなっていることに気が付いた。

そこで、録音当時最初の書き起こし原稿を読み直すと質問者の問いかけ言葉に対して、さまざまな言葉にならない「あ〜」「え〜」「まあ〜」などの短い語が意味している重さを再認識した。また当時理解できなかったが、時を経たいま理解できる言葉や地名をあらためて再検証し、整理して清書作業を行った。

なお収録Ⅵと Ⅶは、四十七年間保存されていた六ミリリニアテープから、今回初めて書き起こした。テープの復元は不可能と思われたが、この度技術者の方々の長時間におよぶ復元作業でデジタル化されたことにより、再生しての書き起こしが可能となり、収録された。また、当時撮影されたリバーサルスチールフィルム五百枚余りのデジタル化も行った。

二〇一九（令和元年）十一月

【注記】

＊1 映画『**アカマタの歌**――海南小記序説／西表島・古見』（制作・構成：北村皆雄／松村　修／三上　豊／小川克己　撮影：柳瀬裕史）は、二〇〇八年東京国立近代美術館フィルムセンター（現国立映画アーカイブ）に永久保存されました。

＊2 詳細は北村皆雄著「秘儀を撮る・撮らない」『見る、撮る、魅せるアジア・アフリカ！――映像人類学の新地平』（新宿書房・二〇〇六）参照。

撮影隊メンバー：左から、三上、北村、小川、柳瀬、松村
（撮影隊のベースにお借りした古見小学校の教室にて）

本書は、戦前に西表炭鉱で坑夫として働いた語り手が、それぞれの記憶に基づいて一九七二年に口述した内容を、オーラル・ヒストリーとして記録したものです。

同じ歴史上の出来事に対しても、人々の受け止め方や感じ方は、その人の立場やかかわり方によって大きく異なります。

本書では、同時期を生きた人々が語った、それぞれ異なる感じ方の中にも、実際に起こったことを明らかにするヒントがあると考え、また当事者の語りを通して、多様な考えが絡み合う歴史の複雑さをそのまま提示するために、できる限り、語り手の言葉そのままを書き起こすことに務めました。

沖縄・西表炭鉱　坑夫聞き書き　１９７２　目次

西表炭鉱について

沖縄・八重山諸島のひとつ西表島は沖縄本島に次ぐ大きさで、東京から約千九百キロ、沖縄本島から南西に約四百キロ、台湾へは約百九十キロに位置する。

西表炭鉱は西表島のすぐ西に位置する内離（うちばなり）島から西表島北西部にかけて採炭された炭鉱の総称である。

炭鉱のはじまりは日本各地の炭鉱と同じで、まず石炭の発見から始まる。しかしどの炭鉱にも石炭発見の確かな資料はなく、口碑、伝承によるもので、西表島でも少年の「燃える石」の発見がその端緒とされている。年代も明確ではないが十八世紀後半頃と諸書には書かれていて、琉球王府も石炭の存在を知っていたといわれている。

通説では嘉永六年（一八五三）、ペリーが浦賀に来航した後、沖縄に寄り日本本土及び琉球、台湾、香港、中国大陸への航路開拓に必要な燃料補給のために地質調査をした。その際に技師R・Gジョーンズが石炭を含む地層があることを報告したとされているが、西表島を調査したかは不明である。琉球王府は異国船の来航を警戒し、石炭のある土地を植物などで隠すように指示をしたとされている。その後、さまざまな事象を経て、明治十二年（一八七九）の琉球処分（廃藩置県）が行なわれた。

日本は維新によって、近代的な「国家」というものを持った。当時、日本の経済は主に農業（米と絹）が中心だった。押し寄せる外国の圧力の中で近代国家を作り上げるためにエネルギー源を早急に必要とした日本は、各地の開発・開拓を国策として進めていった。

西表島で石炭が採掘されるようになったのは、明治十八年（一八八五）に三井物産株式会社が内離島で試掘をして、明治政府が西表島の石炭に関心を持ったことにはじまる。翌年、山縣有朋と官吏が三井物産の益田孝社長と共に現地を視察。帰任後採炭には沖縄県内の囚人を使役するように提案している。こうして政商三井物産が囚人を含む百人から二百人の労働者を使役して西表島西部と内離島で石炭の採掘を開始したが九十パーセント以上の労働者がマラリアに感染し、明治二十二年（一八八九）撤退を余儀なくされたと伝えられている。

その後、御用資本の大倉組や沖縄王家の尚家など大小いくつかの企業が採炭に着手しては撤退を繰り返している。明治末期から大正時代にかけて、沖縄炭鉱や琉球炭鉱が日露戦争から第一次世界大戦にかけての戦争特需と国内の重工業化への需要で産出した石炭を横浜、大阪、台湾、上海、香港へ出荷し、全盛期を迎えている。

明治時代の会社直営の採炭経営から大正時代になると斤先掘りと称する個々の炭鉱責任者が経営する納屋制度（請負制度）が主流となった。昭和時代に入り世界恐慌で一時不振となるが、昭和十二年（一九三七）からの日中戦争を経て、最盛期には千人前後の坑夫を使役して丸三鉱業所、星岡鉱業所、南海炭鉱などで採炭が活発に進められた。

居住人口が少ない西表島では炭鉱労働者は島外から多く集められ、募集人の仲人口で実情を知らされないままに日本各地や台湾、朝鮮などから渡って来ていた。

西表炭鉱は石炭層が約三十センチ弱から九十センチと非常に薄いため、坑道が極端に狭く、坑夫たちは地面を這うように寝て掘らなければならなかった。また、募集時の斡旋料と旅費を借金として負わされ、納屋制度と逃亡防止のための給料代わりの炭坑切符、長時間労働やマラリアの猛威など、炭坑での労働は苛酷を極めた。

太平洋戦争後、炭坑は一時アメリカ軍に接収され再開したのち民間に払い下げられたものの採算が合わず撤退となった。その後、昭和三十四年（一九五九）、西表島開発構想に基づいて資源調査されたが、薄い炭層のため採算が合わず再開することはなかった。

収録Ⅰ

日高岩一〈船浦在住〉

——寝掘りで石炭を出す
過酷な坑内労働

――西表に来たのは何年ですか

日高　大正十三年さ。

妻　いや昭和さ～。

日高　いや昭和十三年さ。熊本から来た四十二歳。別に理由というのはなかったけれども、星岡炭鉱に募集になって、かかって来たんです。え～一緒二、三人か～。もう生き残ってるのは、わし一人しか残っておらんです。内地から金が送ってきて帰ったのは何人もおるですよ。

――募集の条件と実際働いて違いがありましたか

日高　あぁ～相当な違いがあったですよ。金は昔の金で五円くらいになると言うた。時間は朝六時から晩の五時までという契約で来たんですけど、来てみたらそうではなかったですよ。朝四時頃からですね、小頭という者がおってそしてその見込み取りをつけよったですよ。見込み取りをね。「お前は、この箇所で半トン函で二函出せ」箇所が良かったらですね「三函出せ」と、こういう命令で仕事させよったんです。それができなかったらですね大変ですわ、晩の八時九時までおってからやっぱり出さんと喧しかったです。同じ内地人でしたけどもよ、あれはカサヤ組のカスガとかいうところので四、五年前に死んだね。あのツネオカよ、いやツネオカよ。あれが小頭でしたよ。これがあまり学校行っとらん人で、ただもう人を無茶苦茶に使うだけの男でしてね、あれから叩かれん人はほとんどおらんはずやった。星岡鉱業所で働いてとった人間でね。わしも二、三回怒られたけれど一遍も叩かれたことは無かった。まあ坑内で一遍あれの言うことをせなかったんですよ。それで朝回って来てから怒ってですね、短剣ハンマーを持ちよっとるですよ。坑内に。このくらいの低いからですね、このくらいの柄の付いたやつですよ。杖突いて歩くやつ。「ハンマー打ち込んでやるぞ」と言うたからよ、わざと足を長くあれの前に出したけれどもよ、寝ておるですからよ打ち込みきらなかったですよ、私には。また、わしに打ち込んだら大変ですよ。わしは打ち込まれればですね相手を殺すぐらいの度胸はあったですよ。それで、わしにはもう手も出しきらなかった。上でも一遍何かのことやったかな、私を呼ぶから事務所に行ったところが、わしが行く前に二、三人がもう叩かれてですね、ずっと頭下げておった。その後にわしを呼んだから行った。うん、ありゃ、わしがマイト（ダイナマイト）を川に入れて魚取って、それがバレてから怒った。あれはわしが悪いんだから叩かれても仕方がないんですよ。「マイトやったか」と言うたから「入れました」もう明らかに言うたんですよ。「マイト入れちゃいかんではないか」「悪うございました」わしは言うたわけ。「マイト入れて魚を取って良いか、悪いかわかるだろう」「はい、悪うございました」もう謝った方がいいと思ってすぐ謝ったんですよ。それでわしは叩かれなかったですがね。だいたい、叩かれるもんが悪いんです。わしも悪いから怒られただけで済んだだけ。あの時は叩かれても仕方がないとまで覚悟してから椅子に腰掛けてから、どうも悪うございましたと言って平謝りに謝ったんですよ、そったおかげでまあ叩かれはせなかったですよ。

――その炭鉱には何人ぐらい働いていましたか

日高　台湾人、朝鮮人からみんなで五十人くらいおったですね。台湾人は十四、五人おったでしょうな。朝鮮人の人は少なかったですね。五、六人でしたね。あとは内地人と宮古、八重山の人でしたね。

――台湾の人や朝鮮の人はいじめられましたか

日高　いえ、皆同じことです。それは差別は無かったです。働きさえすれば、台湾人は、また よう働きます。坑内にも慣れておるしね。この床の下ぐらいのところに入って仕事しよったんです。想像につかん仕事をしよったんですよ。裸ですからよ。どうしても西表では寝て掘るんですよ。寝掘りを稽古しなかったらですねもう苦労するから、寝掘りを稽古したです。すぐ慣れたですがね。それで自分一人でこんな低いところでですよ、四函掘りよった。二トン。二トンのイシ（石炭）を切ってから、函（はこ）に積んでから出しよったですよ。金銭が一トンが二円四十銭。一函（かん）が一円二十銭ですから。　二トン出して、わしには小頭が回って来ても「なんぼ出す

「寝掘り」の恰好（先山）をする日高さん

か」とも言わなかったですよ。「日高、今日はどのくらい出るか、一生懸命出してみね」と言うて、よその切羽（きりは）に行きよったです。なんぼ出せとも言わなかったです。あれはやっぱり人間みよったんですね。

――逃亡のことについてよく聞くんですけど、どういう人たちが逃げたのですか

日高　言えへん（笑い）。そのなんでも（坑内）低いものですから慣れんからきついでしょう。無理に、少々風邪引いて頭が痛いというぐらいのことではもう休ませせんです。それで坑内に追い込まれるもんだから、きついから逃げるんですよ。逃げるとこの島ではどうせ古見の方に逃げんと逃げ道はないでしょう。もう誰か海を行ってから先回りしておるんですよ。そこで海岸を歩いて来よった

（後山）石炭を函へ運ぶ恰好をする日高さん

ら、すぐ捕まえられる。そしたらもう大変ですよ。ほりゃもう、よってかかってぶっ叩かれ、はい連れ戻してから下（坑内）入れて使われるんです。

――亡くなった人はいないんですか

日高　いえ、え〜亡くなったという人は……、ハタという若いもんが……、どこのもんだったか……、広島のもんか。あれも逃げたんですよ。それで捕まってきたんか、自分で出てきたんかな。捕まってきて、そしてまた本当に無茶なありえねぇような責め苦におうてですね。下に割れ薪を置いて、それに座らしてから、そして横に棒を挟んで、石を置いて。そんな目におうたもんだから、翌日坑内にここ（腰）巻いて行って、そして、あれは後山（あとやま）だったん。先山（さきやま）がマイト貫うて来い言うたと言って、マイトを三発貰うてですね。三発には一尺五寸の導火を付けてくれますから、これは小頭が付けてくれますからよ。そして、まだ先山がマイトを貰うて来いとは言わなかったそうですよ。けんど自分でマイトを貰いに行ってそしてマイトに火を点けてですよ、握っておったですよ。その火が燃えてくる間辛かったはずですけどもよ。ボンというたわけですね。はらわたは何にもなかった。キンタマはどうもなかった。マイトはここから上へボンと爆発したから腹が何もなかったんです。あれが一人だ、自殺したのは。即死よ、もうはらわたが何にもなかったから。ありゃはあんな無茶なことするから、ああいうふうことやったんだ。他にはあんなことなかったなぁ。

――朝鮮人や台湾人はにげなかったですか

日高　う～っ、逃げ隠れした者はおらなかったですなぁ。

――辞めたくて辞めることはできなかったですか

日高　絶対辞めさせんです。その借金があるでしょう、内地から金を取り寄せて借金を払って帰るということはできなかったですよ。ここに来てから志願する時はですね「借金は二分金にて支払い申し候」というて証書が張り出されたんですね。それでどうしても働いて払わなければいかんわけです。

それで金が事務所に送ってくるでしょう、そしたらね中原、佐々木という大島のもんだったが、これは熊本の農林出ておった男、少し学問もあっただが。これが会計しよったですよ。これが皆んなの判を扱っておったんですよ。郵便局に行って預金を下げてきてね～、自分の懐に入れてから渡さんで知らん顔しておるんですよ。ああいう悪いこともしそうでなかった男だったけど、どうも改心（聞取り不明）が遅かったね。

妻　改心（聞取り不明）じゃないさ、やっぱり所長から言われておるさ。

日高　親父は星岡亀彦というて、熊本の人間であまり大きくない男でした。

――奥さんも炭鉱の仕事をされていたのですか

妻　私は仕事はしないです。私は日高ではないですよ。別の男と来たんです。子供連れて。マラリヤで終戦後亡くなった。子供は皆んなおります。五人おります。もう世帯持っています。

――日高さんと結婚されたのですか

妻　終戦後、子供が小さかった。もう一人前になってよ、あれから二十何年なります。沖縄はとっても良いところと言うて、一日五円にもなる、十円にもなると言うたから。珊瑚の栽培まであると言うてきたんですけど、これがまるで天と地の違いであったです。約一円二十銭で子供五人でしょう〜、なかなかきつかったですよ、その時は〜。

――このへんでは野田炭鉱がいちばん大きかったですか

日高　はい、大きくやりおった。丸三鉱業所というのが白浜にあったんだが、あれも野田さんの炭鉱よ。野田さんは東洋産業株式会社というのがこっちにあったですがね。その人夫を譲って貰ったです。それで人間が多かったんです。自分（で）も募集した人間もおるし、五、六十人はおったよ。

――昭和十三年から何年まで働いていたんですか

日高　やっぱり何年と言うて、星岡には七、八年おったから。それから戦争が激しくなって石炭掘らんでいいことになったでしょう。そして軍に徴用されて軍でも二年くらい働きました。炭鉱の者は全部働きましたよ。終戦まで軍で……。弾薬を詰める壕を掘った。炭鉱の経験が皆んなあるからよ、若い人は祖納（そない）でやったでしょう。それからまあ仕事はない、食料はないですしね、何していいかわからなかったですよ。家族は四、五人おるしよ、米というもんを見たことはなかったですよ。芋は腹一杯食えなかったですよ。

妻　芋どころじゃない、木の葉のある限り食べたですよ。まだ今のように石油を使わんから、あっちでもこっちでも薪を燃やしたですよ。

日高　わしは向こうにおったですが、こっち来て薪割ったですよ。薪がまあ五つ割れか、六つ割れで四円だったですよ。一日に五十も六十も割ってですねそして生活していたですよ。

こんだ、上原にアメリカのマチウ隊長が救済事業みたいなふうに炭鉱始めたですよ。ところが肝心の経験者がおらんもんですから、私なんか五十過ぎておった、五十二か三かだったかな、経験者として採用されてましたから、一番に採用されたですからね。あそこの石炭は昔取った残りを掘ったんですわ。あそこの石炭は一尺二寸くらいあったですよね。今まで八寸ないし九寸の掘って四函出しよったんだから、一尺二寸の石炭で四函出すのはなんでもなかった。わしは朝七時に出勤して、昼飯食べに帰って一時間くらい休んで、また入ってですね、四時頃には二トン出して上がりました。

宮古から二十五人やったかな、大島から二十五人だったかな若い人が来られたんです。皆な元気な人たちばかりやったから、わし二トン出すもんだから「なに、わしらも出せんことない～」というて、ツルハシこさえてから入って掘ってみるとですね、一トンのイシ（石炭）が晩暗くなっても出ないんですよ。低いところに入り切らんでしょう。わしはもう一尺三寸あったら寝て掘って、撥ねよったですからね。わしは高く落とさずに自分の肩さえ入れさえすれば掘って撥ね出しよったですよ。それで二トンのイシ（石炭）を四時頃までに出しよったですよ。ツルハシも両ヅルですよ、これ一丁あったらわしは一週間くらい使いよったですよ。

宮古、大島から来た人はツルハシを二丁も三丁も持って行っても足らんと言うて、先折ってしまうんですよ。石炭にはメ（目）があるんですよ。ボタが通っておるですよ。これを叩いたらボロッと折れてしまうんですよ。これを叩かないようにして下をこじって上を落として掘るんですよ。一時は一人で金儲けすると言うて恨まれたこともあるけんどよ。「いづいづともの言うではないか（不明）、お前たちも経験積めばいいよ〜」と言うて平気で出しよったよ。山城という所長がおられたよ。所長さんの月給が五千円、ところが私の収入が七千円あまり儲かるもんですからよ、それでアメリカのバーブという人が財政官でおったよ。こんな大きな男でね。あれとこに所長が行ってね、石炭の切り賃をわざわざ下げて貰いに行ったんですよ。これ山城という人は経験のある人だったはずだけど、この人は（自分のほうが）金になる（ら）んから自分の顔が立たんというところでっしゃろう。それで金銭が三分の二ぐらいになりましたね。それでもボツボツ掘りよったですね。運が強い人だったよ。

――戦前、寝るのはどういう場所でしたか

日高　家があったですよ。上原はよ合宿があったですよ。星岡炭鉱は皆な納屋があったですよ。世帯持ちですからね。一軒一軒藁ぶきの家があったですよ。合宿は大納屋というて大きかった。

妻　野田さんのところは瓦葺じゃなかったの。

日高　うん、あそこは瓦葺だった。野田小一郎という人の家の風呂から何から皆なコンクリートですね。内地の炭鉱と変わらんような地取りがしてあったですよ。

（中断）

――皆で酒を飲んだときに歌う歌はありましたか

日高　いや、なかったね。内地では「月が出た出た・・・」歌うけど、こっちにはあんな歌なかったですね。

（中断）

――一緒に来た仲間のその後はわかりますか

日高　皆んな亡くなったり。内地に帰った人がなんぼもおらんはずよ。

妻　ちょっとあの、何言っているさぁ、父ちゃん、あはは～（笑い）良かところに、養老院に生きている人は。石垣の養老院に丸三鉱業所の人間ばっかりさ～。

（中断）

――台湾や朝鮮の人はどうしたんですか

日高　皆な帰ったですかね。

妻　あれは、朝鮮人は皆んな死んだでしょう。石山も死んだでしょう、花山も死んだでしょう。そして、なには怪我して帰ったでしょう。福岡へ、松本も。石山も花山も、金丸も皆んな死んだでしょう。病気して。終戦になってから。

――炭坑の中で働いて亡くなった方は

妻　おりました。枝国も死んだね。それから山本もボタかぶって死んだでしょう。

日高　うん（小さな声で）。

妻　うち等が来た時に、内地から来た時に死によったでしょう。

日高　うんうん、そやそや～。

妻　十月二十五日だったでしょう。

日高　墓はないよ、もう火葬にしてね。

妻　火葬にした？向こうに持っていたんでしょう。

日高　いや、もうないよ。皆な火葬よ。石炭は我が儘に使える。

（中断）

妻　カワノイクオとアンタと二人しか生きとらんはずよ。星岡の方は。

日高　皆んな死んだ。

――山が崩れて死んだ方はいますか

妻　二人でしょう。枝国と山本サダヨシよ。

（日高？）　はい、作業中に。他の人はたいがい病気で死んだね。カワウラも死ぬ、松本も死ぬ、伊藤ちゅう人も病気で死んだでしょう。

――どういう病気で

妻　マラリアですよ。やっぱり。マラリアに栄養不良ね。働き足らんと、弱いと働きが足らんでしょう。栄養取られんでしょう。そうすっとマラリアで死ぬでしょう。マラリアという病気ひどいですよ。どんな夏でも冬ですよ。布団かぶして〜。

日高　この辺も全部マラリアあったんですけどもね。石垣のヨシノコウゼンという医者がマラリア撲滅の使節を出して、もう至る所散布して回ってマラリアがなくなったですよ。

（中断）

横口さんに聞いたらたいがいわかるな。養老院でまだ元気なのは横口と佐藤コウキチの二人。

佐藤は私と同年だがね、横口は二つ三つ若い。
妻　花田さんはいつ来たの。父ちゃん。
日高　花田は俺よりももっと早いね。
妻　あの人は野田さんの炭鉱にずっとおったんでしょう。
日高　うん。あれも養老院にいったよ。
妻　花田という人、あの人なら野田さんのことずっとわかるな。
日高　あの人は中風で言葉わからんはずよ。
妻　北海道生まれですよ。

――随分遠いところから来ているんですね

妻　あはは～（笑い）、悪いことして来た人が皆んな流れて来ているんよ～（笑い）。
日高　内地からこっちに流れて来てるもんは、やっぱり内地でいいことばしとらんよ。やっぱりなんぼか悪いことして来ているよ。悪いことしたことばい、殺人でも起こしていればよ、すぐ逮捕状が回るけれどもよ、あんなことばやりきれん人間さ。一人でも小頭でも打ち殺したというもんはおらんから。
妻　あはは～（笑い）、食べるだけしきらんで、沖縄に来たら遊んで食えると思って来たんでしょう。

――日高さんの場合、金儲けしようと思って来たんでしょう

日高　はい、そうですよ。

妻　一時は儲かっておったんですけどね。もう、こんなになってから病気ばっかしておる。

（中断）

収録Ⅱ

吉沢又蔵〈浦内在住〉

——炭鉱経営者夫婦は語る

吉沢　噂を聞いただけのことだから、自分で見たことないからそれ（野田炭鉱のこと）は言えない。自分で立ち合うて見たんだったら言えるけれども人の口から聞いただけのことは絶対言うことができない。言えない。

本田（案内人の上原旅館ご主人）「ありがとうじいさん」ね～船浦のよ、あれはどこの炭坑か。

吉沢　野田さんと僕とは反対だったからね。

妻　あれは死んだでしょう。

本田　死んだからどこの炭坑だったかというわけさ。あれは人を叩く人であったらしいよ。

妻　あれはうちで使っておったよ（強調）。

（中断）

吉沢　熊本から大正六年にこっち来た。坑夫は八十名くらいおったなぁ。内地人と台湾人とほとんど半々くらいでしたね。朝鮮の人おらんかった。台湾の人はちゃんと「くると」（雇われ責任者のこと）が募集して来てですね。わしも一回募集に行ったけど失敗して帰って来た。それから「くると」を頼んで、そして責任者を自分の大納屋、独身者のですね、責任持たして、そして……、台湾人というのは内地人と一緒に、食べ物の関係が違うでしょう。内地人の人も台湾人の食べるものを食べきらん。台湾の人も内地人の食べ物食べきらん。だから別々にして内地人は内地人、台湾人は台湾人に大納屋を二納屋、そうしとかんとできない。だから向こう責任者「くると」というのを置いて台湾は台湾にして置かなければできない。

わしが（自分の炭坑のこと）会社に譲ってからですね、皆な働く人は会社にそのまま働きなさい。自由に言うてですね。会社に働く者は僅か二、三名程しかおらなかったですな。台湾人はほとんど会社に行ったですけどね、内地の人は皆んな故郷に帰る人が多かったです。残ったのは四、五名程おらなかったです。内地まで帰る人はですね、自分の故郷までの旅費を持たして、そしてわしは帰した。

妻　借金棒引きしてですよ。私らがやってから、もうそんなに大昔の話のように、あせて（聞き取り不明）からね。

吉沢　その時の金で三十万円で会社に譲ったですからね。だから坑夫は自由行動とらして、内地に帰りたい人は内地までの旅費を与えるからと言うて内地まで帰した。おる人は手切れ金も何もない、会社にそのまま渡した。

妻　私らの時代のことは、どこに行って聞かれても間違いないです。何も悪いことしてないですから。はい。

――坑夫の募集について教えてください

吉沢　福岡、博多に行ってですね募集して来た。あそこには、なに世話人がたくさんおったですからね。それで、世話人に頼んで連れて来おったです。そして世話人のところに何名集まっておるからと電話があるというと、旅館から行って一人一人話をして了解して連れて来おったです。

――その時お金を貸すわけですか

吉沢　え～貸すわけです。旅費は皆んなこっち持ちです。小遣い賃は持たして。そうしてやっていてもですね途中で逃げられるのが多かった。金は貸すでしょう。汽車の切符は鹿児島まで買うて私が持っているでしょう。持っていてもね途中で逃げる人が多かった。小遣い賃は一、三十円ずつ貸しておるからな、その金があるから黙って降りてから逃げる……。内地で貸す時は、まあその時の金で三十円から五十円くらいの程度でしたね。そう働きながら仕事の一割で返済すると、その約束でもって、だから自由です。働きさえすれば金は残るですからね。他に使いようがないでしょう。今と違って昔は飲み屋もなければ料理屋も何もなかったですからね。だから販売部で酒を飲んだり、ビールを飲んだりするだけですからね、金は残る。金が残った人は石垣あたりに遊びに行く人もある。そういう人はもうちゃんと許可してやるんですよ。また、そんな人は借金もよけいないから逃げたりしない。金残す人はおとなしくして、真面目に働く人だ。借金をしてからどんどんかぶる人は不真面目であんまり仕事しない。ブラブラして飲んだり食ったりしてあまり仕事しない。金儲けない。

――内地の人と台湾の人ではどちらが良く働きましたか

吉沢　そうですね、台湾の方がやっぱり働きよったなあ。「くると」がちゃんとついておるですからね。「くると」がやかましい。わしら何とも言わないで「くると」任せですからね。「くると」がやかましいから、やっぱりそれだけやりおったですな真面目に。後でね、仕舞いかけにはね、台湾からのごろつきが来おった。わしらのところには入らなかった。まあ用心棒みたいなのな、会社の用心棒みたいなのだいぶ入って来た。内地人が押されるようにやったですよ。

――炭鉱経営しようと思ってこちらに来たんですか

吉沢　いや最初は募集というて、あの、う～ん、ここね沖縄炭鉱というのがここ浦内にあったんです。そこの測量技師の田尻という人がおった。そのお父さんがわしに会うて「吉沢さん沖縄に行ってみませんか～」と言うて～。「沖縄何するところか～」と言うた。「製糖会社」とこう言うて、製糖会社なら行ってみようかな、百姓嫌いで好かなかったですからね。そして行ってみて、なあぁに製糖会社じゃない。来てみたら炭鉱でしょう。それから田尻に会って「田尻さん、あんたのお父さんはここ製糖会社と言うた、ここは製糖会社か～」「いや吉沢さん違いますよ、ここは炭鉱ですよ」「それじゃお父さん嘘ついたんだね」「いや私がおるからご心配いりませんから安心して下さい」と言うて、わしをすぐ運輸係にした。運輸係は台湾使っておったですからね。海岸までトロ（トロッコ）で運搬しようた、その係さして。

そして間もなくしてから沖縄炭鉱引き上げてから、ミイタン炭鉱（三谷坑?）に一緒になって、ミイタンもやはり沖縄炭鉱の管轄でしたからね。こっち中止になって向こう引き上げて、その時わし辞めたんです。

――いつから自分で経営するようになったのですか

吉沢　そこ辞めてから、わしは鉱区の何をですねずっと調査してですな。そしてやった。あらゆるところを全部調査して、祖納の浜のミダラ（不明）なんかも相当木を出してやってみたけども思わしくない。それからナカラ（仲良）というところに行ってみたら、ええのがあるもんだから、そこやった。金がやっぱり相当いるですよね。しかし、調査するまで人を使わないで自分個人でやっておったですからね。個人で人使わなかったから〜。鉱区はナカラ（仲良）というてですね、こっちから入ると（仲良）一番川、二番川とすぐ向こうですね。海岸には土台が、あの船着きのなにが、コンクリートであるはず、そこでケーブル掛けてやっておった。ずっと上の方ですからね。そこを暫くやって、いかんから、こんど右手の山調査して右手に掛かった。右手やりおる間に辞めて、あの会社に譲ってですね、戦争始まってからも危険だったもんで、これ幸いと言うて譲ってやった。私が譲ってから間もなくしてやられた。

（中断）

手前の方よ。こっちから行くと坂の登るところにある。学校の手前ね、右手に今でも坑口がある。こっちから行くと坂の下の方に下水があるでしょう。

（中断）

――日本軍がやっていたんですか

妻　これはずっと大きな炭鉱さ。そこに橋も出てね、石垣積んであったさ。その後に政府で松山さんなんかがやったでしょう。私らはわからん、あの頃やめて百姓しておった。

本田　あの頃はね仲良は賑やかだったですよ。

吉沢　仲良は軍がやったです。やっておると知っておったけど、誰がやっておるかわからんかった。

（中断）

本田　それは太田さんがあれの話は詳しいよ。こっち来てからの炭鉱は野田さんが一番大きかったでしょう。次は星岡ね、白浜の。宮古からもだいぶ来たらしいよ、すかされて……。

妻　うちにも宮古の人おったよ。男一人、女一人、七、八年前訪ねて来て。

本田　あの頃は人夫賃、請け負い？　石炭掘るの請け負い？

吉沢　請け負いさ。一函（かん）いくらの請け負い。

本田　あの頃の三十円というのはたいしたもんのはずよ。

妻　たいしたもんですよ。三百円持ったらですよ、白浜から二等室に乗って沖縄に行って家族五名のお土産買って帰って、またこっちまで来る、贅沢に来られたんですよ。

私らはあの頃は～、そう言っちゃ失礼だけれども金はあるし、二等室ばかりに乗っていて内地に行きよったですよ。子供五名連れて内地にも三、四回行ってますよ。

収録Ⅲ

太田〈上原在住〉

――借金と炭坑切符の仕組み。差別の実態

＊同行して頂いた本田さんの話では、野田炭鉱で相当悪名高いことをやっていたとのことだが、はじめのうち本人はインタビューに際して野田炭鉱と直接関係ないと言い張っていた。しかし、インタビューするウチに核心に触れる質問に対して少しずつ話すようになった。実際のところ炭鉱に直接関係があるのかどうかは不明だがかなり深く関係していたことは確実である。

――野田炭鉱の話から炭鉱を辞めた後のこと（途中より……）

太田　終戦後ですからね。終戦後、野田さんは浦内に来られて、それから私ら配給も貰って野田と上原と一緒に協力して配給も貰いましたから。何故そうするかというと、上原という部落の八七〇という番地は上原は全部八七〇ですよ。これではいけないと言うて配給も取って食べるために船浦の牧場の名前も八七〇じゃから、あれを持ってきて、上原八七〇付けたもんぞと。

本田　じゃ、あれは野田さんが……。

太田　野田さんと私が二人で付けたもんですよ。これは。どうしても作らんといかんから、配給で番地がないから、皆んな上原一円として上原地区ですよね。船浦まで上原地区となっておるから、それでは八七〇ということを私ら二人でつけて、図面調べてから、はぁこの番地つけろと言われよったですよ。こっちの上原の上の八七〇が一番、町有で一番、番地が大きいから、それで八七〇付けて配給手帳作ってわしら配給ば貰ったわけですよ。じゃからそして私は二班長、あそこに一班長おいて両方で配給貰って終戦後の軍の恩典も貰ったわけですよ。缶詰とか衣類とかね。ウィティビテ（？）なんかも。それだから上原地区はどうして全部八七〇かというと今でもそうですよ。だから、これがわからんはずだから営林署の落成式の時に皆んな集まったから私は話したですよね。上原八七〇ということは皆んなこんだこたわからんわけ、終戦後こうこうで私ら配給を食べんがために八七〇となりましたから、各部落のこれからでも遅くないから各部落めいめいの番地をやって下さいというてですね。そして、私らの本当の番地は役所にはなんですよ五四六ですよ。その後ですから。どっこからも全部八七〇でくる。決まってくる。

（聞き手に対して問いかけて）東から回って来られた？海岸から？

君島、あれは野田の坑夫だったから。大和人（やまとんちゅう）。大富のはずですよ。教育委員しておった人ですからよ。君島という人が大富におるから、あの人を頼って野田さんの事情なれば、炭鉱の事情あの人は野田の坑夫だったんじゃから、終戦後までおってから、あれは引き上げたですからね。野田さんと一緒におってから学校まであれが協力して私らと一緒に作った人ですからね。あれに行って聞きなさい。

（中断）

太田　……あの時逃げて行った場合には、もう命あっても借金払い切らないわけです。船のチャーター料金も人間の手間も皆んな借金ととる。もう捕まえてから、あ～いうしてから借金かぶせるがあるですよ。盆、正月にどんどん貸すですよ。もう盆、正月なったら「はい、皆んないくらいるか～」と聞くそうですよ。貸してはくれる、そうせんと自由に使えない。だから政府、え～政府と言えばいいか、上があっても文句いえないわけですわ。金入らなきゃ帰れんから。それじゃけん金を使っている帳面を見た時には、これが借金がなっておるだろう。あんな消しておいても何してもできんわけですよ。事実石炭がなければいけないだろう。

（中断）

太田　こうですよ、私が沖縄から白浜に行ったときですよ、二、三十年なっておったときかなぁ～、聞いたですがね。いくら働いておっても島へ帰ることができないから、いつ死ぬか生きるかわからんから、今日働いてきた金は今日で飲むということです。自分はいよいよこっちで生命終わるから。何にするかぁ～。金儲けても私ら借金かかえて帰ることできないから。今日働いた勘定もんは今日飲む。親方はみんなあれは、炭鉱の親方は被りはったですよ。

借金取ってないはずですよ。出た採炭からの儲けですよ。現品から儲けただけであって、絶対借金は、あんたな人間は、誰があと支払うですか、子供は払わんですよ。

――金を貸して、担保になって出られないようにしているのですね

太田　あ～あん～出られないようにしているのですよ。ですから本金というのがないの、本金というのは日本金ですよ。日本金というのはありませんでしたからね。うちらの炭鉱時代にも切符というのよ。どこの炭鉱行ってもそうですよね。そしてそれはくれるわけですよ。日本金は実際はないさ。逃げて行くもん。

めいめい炭鉱は、あの炭鉱もこの炭鉱も配給所にはたくさん品物あるから、何もあるからね。それで買えるような方法でこの紙切れで切符みたいにして、終戦後の軍票みたいなものだろう。あんなもんでやってから私らこっち行くときには、いよいよ金が百円ほど切符が貯まる時には、なんですよ、え～十円で大きかったから十円貯まる時には十円持って事務所に行ってお願いするですよね。そった時には事務所としては、わしら用件言うですよね、「わしらこれまとめて持ってても豚買えませんから交換してください」「そうか～」わしらわかっておりますから交換してくれるわけですよ。「坑夫なんかと絶対交換しちゃいけないぞ～」と念押しします。はい、通用できないから事務所にあるですよ。行って交換、わしら部外者が行った時には交換してくれるですよ。それでも事情を言わなければ交換してくれないですよ。私ら来て持ってくるのは豚とか魚とかいろんなもん持ってきて事務所に入れますからね。あっちこっちに入れますからね。それして商売人と思っておるからね。一遍行ったらすぐやるからね。他から来る者は帰り

しな売店に品物たくさんあるからよ、品物に換えて行きなさいと言って品物に換えて行く。

みんな違うよ。白浜でもこっちでもみんな変わるよ。炭鉱自体で違うから、一応私ら豚なんか売る時よ、売って金集めるだろう、集めてからどこの切符といって括っておくよ。インクをみてからどこの、どこの、野田さんものというて括っておくよ。デタラメ持って行ったってでけんですよ。

――台湾の人や朝鮮の人が特別差別されましたか

太田　ないだろうな。話はきいているじゃが〜。炭鉱の親方としては差別はなかっただろうな。人手が欲しいから、じゃが一杯飲む時には差別はあったとみえるですね。日本人は必ず琉球もんとそのとき馬鹿にしたですからね。日本の方は。私らも一遍言われたことがあるからね、酒場で。飲むときよ、喧嘩する時には琉球人ぐらいがなにかということはあったですね。はい、台湾人なんかまだ下ですよ。わしらさえも「タイワンなぁ〜」と言っておったですから。いや、朝鮮人はよけいおらなかったよぞ。もうちょうど同じですよ。みんな島々の人が喧嘩する時には、こっちでもそうだろう。お前は宮古のもんで、お前八重山でなんなるか〜と言うのと一緒ですよ。それは酒飲みの上じゃから、ああいう話ができたんであって親方としては平常はできないですよ。飲む時の争いですね。馬鹿野郎でゆくときには。

わしも一回琉球人がなにかと言われた時があるから。喧嘩した時、ヤマトンチュウ（大和人）にですね。あ～やっぱりこれは話のとおり飲んだらちょうどわしらがなんだ八重山ごときヒジョロ（不明）がなになのかと言うのと一緒ですよ（笑い）。いや、ヒジョロというのは田舎というわけさ。田舎もんがなにかと、沖縄の人は八重山の人をそう言っておったさあ、ずっと昔の話ですからね。

炭鉱の親方としては人間の差別はなかったと思う。一人でも人探してきて自分の坑夫するつもりだからね。

本田　かえって私らの時代の方が馬鹿にされた。私なんか十六、十七の時内地行ってよ、ものすごく馬鹿にされた。毎日ビンタよ、青年学校で朝鮮もおったからね、朝鮮も大変だったよ。終戦後になってから今度は、うちなんか五名だったからよ会社に入って、沖縄が負けてしまって上陸されてあれから手向かってきても絶対かなわなかったよ、うちらなんかには、こんな大きな人でも。

太田　あんたは（本田さんへ）干してある芝居かずら（鬘？）取るだろう。あれ野田のもんよ。あれはわしが貰いに行ったがね。幕とかずら売るかと言うから、お前金あるかと言うから、いやない貰いに来たと言うてね。そこで渡してくれた。いや、くれない。金で売った。

いよいよ炭鉱には山の神終わったから、山の神やらんようになったから、上原に時々帰って来るだろう。炭鉱には山の神というのがあるから年に三回、一月の十六日炭鉱の鉱山の祭りですよ。こっちの豊年祭と一緒ですよ。

――それはどういう行事ですか

太田　いや、死んだ人の祭りもあんときはやります。翌日は慰霊祭みたいなもの。ヤマ（坑内）には入らんさ、休ませます。石炭も掘らんさ。一月の十六日、五月の十六日、九月の十六日。終戦後部落でも私らやっておった。

九月十六日の山の神の時、野田さんのところに、こっちから芝居作って行ってそしてさせて千五百円貰って、それで私、上原の幕を作ったことありますよ。上原に幕が無いから野田さんのところに演芸持って行ってやって、その部落の創立の時やった。その後はないな、もう。

本田　結局はああいう人がおったから助かったということになるんな。ああいう人が居なければあんなこと無いはずよ。

太田　いや、野田という人はね、いまやっぱり、ヤマグニ（不明）もあったと言うがね、口はもうガンガン、この危なかったがね、めそう（目相）危なかったがね。人情というのはあってね、部落の創立をね、あ～して協力されておる。何故私がねそうするのかと思ったら野田さんがね世の中わかっておるのを考えれば、あれの元気な時にわしに言われた言葉が本当なっているですよ。それが鳩間島の人ですよね。あの時わしは鳩間島の百姓でしたからね。「太田、鳩間はね、あと牧場になるんじゃから早くこの西表島に皆んな寄せて開発しなさい」と言われたのがこうなっておるでしょう。

はぁ〜終戦後じゃから鳩間島は何も効果がないというて、この西表島は開発しているから早く移動してから、あんたがた鳩間島出身者は協力して上原地区をやりなさい。

（中断）

——死んだ人のお墓はどこにあったんですか

太田　火葬です。火葬して寺みたいなもんですな、皆んな坊主持ってよ、ちゃんと読経を朝晩やってくれたぞ。あれも見たですよ、九尺に三間ほどなかったかね。綺麗に飾って。その後はどうしたかわからん。

収録Ⅳ

君島茂〈大富在住〉

――格子なき緑の牢獄

君島　悪性マラリヤでね、大変だったあの頃はね。やはり命があると助かるんだな。薬のない時代だったが、栄養だけ。

（中断）

三百人くらいおったんじゃないかなぁ。

――その中で日本人は何人くらいいましたか

君島　さあ、百人余りいっているでしょう。

――沖縄の人は

君島　沖縄……、台湾の方がね五、六十人おったはず、あとは沖縄の人になるんじゃないかな。朝鮮の人は二人おったかな。カミモトとカナモリも朝鮮だったと思っとったがね。あとは白系露人が一人おったかな。

まあ、きついということは自由のないことと、まず格子なき牢獄でね、出られんというのと、確かに皆んなきつかったはずだがなあ。朝はもう五時になると起きてすぐ食堂行ってメシ食って、すぐカンテラ下げて坑内に入ったんだから朝は早い、それは。いや、これはね何時までってお昼に帰ってくる人もあれば、晩の夜中に帰って来て寝る時間もないほどやる人もおるわけ。

例えば石炭はこの坑内ではなんぼ掘るという見込みトン数を決められるわけ、決められたらそれだけ掘らないと出られないんだよ。だから時間の、労働時間というのは五時間で終わる人もあれば十時間で終わる人もあれば十二時間で終わる人もある。

――見込みトン数掘れなかった場合はどうなるんですか

君島　あれは単価安かったんじゃないかな。もうひとつは、……（間）……大変苦労したね。だから我々なんかもう最初新参の時は見込みトン数掘れないから、毎日食費代もなかったよ。

――日本からどういう理由で来ましたか

君島　どうもね、ああいうことを聞いたって君たちに、まあまあ極道一人も、書いて言うとったらいいよ、あはあは～（笑い）。君たちには我々の苦労はわからないだろう。（間）あの当時、少しでも社会運動でもやろうという人は皆んな苦労しているよ。

――社会運動やっていたんですか

君島　うんうん、少しはやっておったよ。どんなにしても左翼の人も右翼の人も同じように軍の圧力は必至と、それはもうおもて（外）にちょっと出ただけでも大変なんだから。なんか今度落ちた（不明）というと、何時でももうわしらのうち（家）は特高が四人くらいは毎日並んでおったんだから、たいがい、しまいに嫌気がさすよ。だから、あなたがたにあんなこと言ったってわからない。

――いや、だいたいわかります

君島　はっはっ（笑い）。

――それで西表島に逃げて来たのですか

君島　そういうこともあるだろうが、もう一つは家庭的にも行き詰まっておったなあ。え～え～当時、家内は病気で亡くすし子供は亡くすし、経済的な問題はそう苦しくはなかったんだけど。募集、周旋やっていますから、あの当時ね。そういう方おったんですよ。それで神戸で引っかかって来た。

――生まれはどこですか

君島　福島です。

――どのような募集条件で……

君島　はっ、条件というのはね、それはやっぱり仲人口と同じで上等な口使いますよ。一日五円だの言って、あの当時の五円というと目ん玉飛び出るほど大金だったがね。来てみたら一日、あの当時の沖縄県の労働賃金は七十二銭か、その程度だった。

――お金を貸すからと……

君島　いや、そういうのは貸すというのは、こっちから要求して借りるんであって、それは皆んなところによって違うんであってね。もちろん借りて来ましたよ。二十円くらい借りて使ったかな。その当時の二十円って使いでがあったよ。何に使ったって、そんなものは皆んな遊びに使ったよ。飲み食いにしか使われんだろう。

――こちらには船で……

君島　それはもちろん船でしかないね。今みたいに飛行機がないもんなあ～。

（中断）

君島　こっちではなくて那覇で皆んなそれをやるわけだな、那覇でね。一週間ではなくて船待ちのする間、私らは那覇で十日間くらいおったね。うん、もちろん、向こうでご馳走するというあれだが、結局はこっちの借金になっているんだよ。言葉の上ではご馳走する、実際は勘定してみた時には借用書に変わるという、実にけったいな話になっておる。

――すぐ坑内に入れられたんですか

君島　もう、皆んなそうなりますよ。私たちは七人で来たのかなあ～。

（中断）

――逃亡する人はいましたか

君島　それはどこでもありますよ。耐えられないというのか、ホームシックに罹るというのもあるだろうし、まあ様々だからね。

お～私たちは七人一緒に来たんだがね、そのうち六人は皆んな逃げた。完全に逃げ切った。私の場合には他に考えがあったというわけではないが、ここに来て家内ができかかっておったもんだから結局「お前どうする～」と言う「俺残るぞ～」「そうか残れ～」というわけで六人は毎日携帯用の食料作りだね。豆を煎るとか、量が少なくても食事のできるようなもの、缶詰とか、そうしたものを少しずつ一カ月くらいかかって蓄積してきたわけだよな。一人が背負えるだけ。あんたらも聞いて知っているだろうが、向こうでは現金くれませんからね。その金を皆んな要領よく交換してきたんだろうな、どこで交換してきたのか、そらわからないが……。

――どういう経路で逃げたのですか

君島 あの、鳩間（島）の人で鳩間の郵便局の局長ではなくて職員だったろうな。鳩間では有力者だったね。トウジという人の船をね、今頃は言ってもわからんだろうな、マストの船、映画に出るようなね。あのマストの船を上原という海岸からちょうど入ったのを見ておったんだろうね。それで夜中に行ったのかしれんが、これをかっぱらって、これの上手なのがおったんだろうね。その人たちはどこへどう逃げたんだかわからないのだが手紙もこないしね。行きつくところまで行ったんだろうと思う。その方は昭和十八年頃じゃないかな。

――昭和十五年に来て三年目に逃げたんですね

君島 うん……。

――一人残っていじめられなかったですか

君島 ぜんぜんそれはないさ。結局、ものの見方考え方が違うというのを皆んな知っているから。あの連中は朝起きたら酒飲むこと、博打打つことしかやらんから、わしらもたまには慰みにやりはしますが多少は考えが違いますから……。

――社会運動をやろうと考えましたか

君島　それは、やれないということをすぐ見抜いたな。やるべきでないということを。それはもうこの辺の警察は全部炭鉱の親方に飼われてんのに、それは無理だ。やれない。

――逃げて連れ戻された人たちに拷問はありましたか

君島　うん、それはおきましたよ。それはまあ、いわゆる赤軍派がやるリンチね、あれと変わらんだろう。皮のムチでやるとか、木刀持ってやるとかね。息の根が止まったら水ぶっかけて吹き返すまでやるとかで、それは言っても～、あの点は昔の炭鉱と変わらないよ。そりゃ何回もあるさ、夜中にヒイヒイ言えば便所に行くふりして、そして窓からこうして覗いている。そして夜警が回って来て、「おいおい何しているか」と言うて追いたくられる。なるべくは夜、寝静まってからやる。これはどこの炭鉱でも皆だよ。今でこそ戦争済んでからどこの炭鉱も労働組合ができてから言われるようになったんだが。

――台湾人、朝鮮人への差別はありましたか

君島　炭鉱ではなかったね。我々の見た目では、むしろ逆に優遇されたんではないかね。彼等には徴兵検査で召集もなければ、例えば点呼で召集もない、防衛召集もなければ何もないのだから、むしろ会社側は台湾労務者を優遇したよ。

――彼等は逃亡しましたか

君島　ありはしますよ。ありはするが何て言っていいか、確か逃げた連中おってもこれはね炭鉱の親方がね直接労務者を連れてこないからね。一人の親方が連れてくる、「くると」が連れてくる。そしてこんだこの連中が連れてくる。だから逃げたとしても我々にはわからないんだよな。実際、逃げることは確かにあるよ。

――拷問で死んだ方はいましたか

君島　そりゃおるさ。おるね。どこでもそりゃおるね。表面化しないだけのものがだいぶあったはずね。

――経営者は労働力が減るから損だと考えなかったですか

君島　そうでなくってね、結局一人の人が死亡するようなことは、わしらがあってから一人だったがね。叩かれて十日も二十日間も寝るが、他の人あと何百人の人は、あ〜もう失敗したらこんなにやられるからといって、怖気つくからね。恐怖心を与えるだけが目的だろう。一人の労働力ってんじゃなくて、あとの者をどう確保するかということが先決だよ。だから平気ですよ。あん、殺すってんじゃなくて、まあ懲らしめるという意味でやるわけだろうから、間違って殺された人はありはするがね。

――君島さんも殴られましたか

君島　そんなことはしないよ。向こうが警戒して……。

(中断)

――野田さんの炭鉱が一番ひどいということはなかったですか

君島　変わりあるかい。それは野田は悪名が高いからそう言われるだけであって、どこの炭鉱だって、そんな上品な炭鉱な西表にあったかね。そういうだったらおかしい。

――吉沢さんが「僕なんかは何も悪いことしていない」と言っていましたが……

君島　どうか、否定の否定は肯定だろう。正反合ということは君たちは勉強してきていて、そのぐらい見抜かなかったらおかしい。野田が悪いことしていたら、吉沢も悪いことしてますよ。変わりありますか。ただ、野田さんのところは人間が多い、やる数が多いから悪く言われる。それはわしらに言わせたら五十歩百歩だろうね。そりゃ吉沢さん自分で人使っておったのが悪いことしましたと言えるかい。言わんですよ（笑い）。あんた方それをまともに聞いてきたんなら、やっぱり学生甘っちょろいなぁとしか言わんぞ、俺たちは。

（中断）

小さな請負師と言うのか、炭鉱ではケンサキ（斤先）と言うですがね、その五人とか十人を使ってやる人たちは悪いことできない。そうでしょ、五人しかいないのにその上に乗っかって搾取しているんだから、そういう人たちは悪いことしません。そりゃもう家族と同じように自分も一緒になってやるんだからね。そういう人たちには悪いことができないが、二十人三十人使う人たちは。吉沢鉱だって華やかな時代があった。多い時は四、五十人おったんじゃないかな。常時二十何人はおったはずよ。

だから、しかしそう叩く件数が少ないからな。野田さんとこみたいになんせ三百人もおると誰かしら毎日酔っ払っちゃ喧嘩し、博打打っちゃ叩かれ、喧嘩しちゃやられ、そりゃありますよ。だから悪名高くなる。

星岡、それから藤原さん、長谷川さん、謝景、揚添福、だいぶおりましたよ。謝景というのはね台湾の方ですよ。謝は言弁の謝、景は景色の景。確か謝景とか、揚添福とかね……。

――台湾の人は台湾人を使っていましたか

君島　いや、その中に日本人の方もおりましたよ。沖縄の方もおったし、だけど台湾の人は、台湾の人が多かった九割九分まで台湾だった。　だから……、

（中断）

――当時のことを振り返ってみてどうですか

君島　意気地がなかったなと思うだけよ。結局我々は叛旗をひるがえすこともできなければ、唯々諾々として親方のいうことをそのまま受け継いでやっておったんだから、仕方がなかったといえばそれまでだがね。

――叛旗を翻すということは死ぬということでしょう

君島　もちろん、そうなる。……その点はどうにもならなかったよ。時代というものは恐ろしいものだな……。

（中断）

君島 食べるものはそう悪くなかったですよ。炭鉱は。食べるものは悪いと言えないと思っていた。ただ何というのかね、もう二十四時間目光って見ていられる、いわゆる監視されているちゅうの、あれが一番耐えられないんだなあ～。これだけはどうにもならない。朝起きてメシ食うでしょう、そして坑内に入ったら、もう現場の係の連中がざっといてるね。また他の屋外で仕事してもそのとおりでしょう。暮れて仮に我々が夕食すんでぷらっと浴衣一枚ひっかけて海岸、川っぷち歩いているとすぐ後ろから誰かが追ってくる。

――監視する人はどこの誰ですか

君島 いやいや、もちろん本土から来た人たちだな。いわゆる先輩たちだな。その連中は監視しろとは言われていないが、結局我々の部屋には合宿長という長がおって、その長が我々の全責任を持つわけだ。そして合宿長と副長がおってその連中は、まあ会社の手先だから特別手当貰っているんだから。

――逃げたりさせたら責任が問われるわけですね

君島 もちろん、問われはしないがね。それすることによって幹部に昇進するチャンスがあるわけだ彼等には。野田さんの炭鉱は幹部は優遇されていましたからね。とにかく幹部になると金の自由が利く、石垣に遊びに行こうと思ったら行く自由が利く、だからそりゃあもう話にならんです。自分たちの同僚をどんなに……、我々が例えば親方の悪口を一つ言ったら十くらい言って報告するわけだ。そして我々はすぐ呼び出し来るわけだ。お前こういったなつって何回も我々呼び出しきたけれども皆んないつでも黙秘権だよ。あの時でもね、いやそんなこと言いません、知りませんで最後までそれで突っ張って一遍も叩かれずに済んだが、ここで言っていることがすぐもうその晩のうちにいくんだから、無線電話よりまだ早いよ。そして考えてみると、自分の目はこっちにいる人しかわからない。こっちにいる人わからんわけだ。随分意味してものを言っているつもりだが、ひょいと引っかかるんだ。だいぶやられたのう、それでは吊り上げはくったが叩かれはしない。

ただ、野田の親父と二人で喧嘩したことそりゃあるよ。終戦後だからあん時はやれたんだな。仕事のことであくまでも原始的なやり方やるから、あの時は製材所があったわけだよな。それで、その丸太を手ではつってやれっていうわけだよ。そんな機械やった方が早いから機械使ったわけで、とうとう製材所持って行ってから、ざっとやってきてから持って行った。「貴様は親方の言うこときかん」「今頃こんな原始的なことやれるか……」と二人で取っ組み合いしたんだけど、こんな大きなご体だから俺の方が負けはしたがな。貴様殺すなら殺してみろと言ってから喧嘩した。

本妻は内地に行っていない。だから二号はおったよ。三号は、あれは本当に三号であったかどうかわからないけれど、だいたいそうではないかなという台湾の娘がおった。それは我々は目撃していないから噂だけだからどうとも言えないがね。働いているところの娘だった、女中さんだったな、あれは。

――息子さんがいましたか

君島　はいはい、川野ヨシハル。あれはね一番最初の奥さんだな。その人は亡くなったんだな。そして徴兵検査で合格して入営するときに川野さんに養子にやったもんだ。

（中断）

君島　あれ今頃取っとくんだったな。貴重な資料だったと思うがね。あのね、今でもあれだけは覚えておるさ。まてよ五十銭……（長い沈黙の後書くまねで）、こうゆうようなあれでね、五十、二十、十、五、一銭とあった。そうそう丸三鉱業所。それでここにハンコをポカンと押してあってね。そしてね一銭のはこんな小さい。

（中断）

部落行ってても使えたですよ。あん、部落の人はこれ持って行くと喜んで品物売るわけだ。部落で買って来るというものは酒ぐらいね。酒とか芭蕉とかぐらい、あとは全部炭鉱の方が品物多いんだから、石垣の街より品物多かったんだから。反物でも被服類にしても食料品にしても。そうそうこんだ部落の人はこれ持ったら店やに買いに行きやすいから、今度向こう行った時、「俺金ほしいから替えてくれ」と言うと「あ〜いいよ」と言って、結局これ一枚多くやれば両替料黙って替えてくれるわけだ。

（中断）

君島　とびっちょ（不明）連中はやっぱ仕事も良くやったし金儲けたがね。儲ける人はすごく儲けるですよ。けれども要領の悪い連中はいつでも悪いところに放り込まれて、何時でも貧乏するようにできとった。だから炭鉱というところは難しい制度でね、親方から気に入れられ、現場の人から気に入れられればね、いい稼いでくんだよ。坑内のいいとこいったら、それこそね人の倍の仕事しながら半分の時間も掛からない。悪い人は石炭のこんなところ（薄い）にあたるんだよ。あいつね、苦しめてやれってったらこんなところ（薄い）に放り込められる。それはもう閉口しますわ。

あの当時で普通の人は一日二円五十銭、一円四、五十銭かな。私なんか半年、何ヶ月間かな四十何銭くらい貰っとったよ。あっせる（焦る）よもう、手挙げたって本当酷い目にあった。

――それで借金返済するんですか

君島　もちろんそうなるさ。中には儲かる時もありますからな。私たちは健康保険も入ってお
るんだけどな、私たちは健康保険を取ったことない。ちょいちょい病気しちゃ健康保険掛かる
わけだけどね。みんな会社の方で差し引いて、会社にはお抱えの医者がおったし看護婦がおっ
た。まあまあ医者といったってヤブ治療だけれども、それでもよかったですよね。そういう面
は良くやっておりました。

――一緒に働いていた人たちのその後はご存じですか

君島　一緒に働いた連中はおそらくね、所帯持ってる人は石垣にもおりますよ。川原に南部ヨ
シノリもおりますよ。それから厚生園にもだいぶおりますよ。養老院、新しい方のね。とにか
く苦しかったこと、博打打って楽しかったこと、あんなような話だったら、あの連中の方がい
いな、わしよりもいい。台湾の人はね、たいがい引き上げて行きましたよ。それから引き上げ
て行かないで白浜におる人、石垣におる人それはおりますよ。ヨウテンプク（揚添福）さんは
石垣で亡くなったが、（取材当時、揚添福さんは西表島白浜で生存されていた）、あの人たちはい
い生活しておったよ。親方だったからね。三十人くらい使っておったからね。わしら丸三のおっ
た台湾人は知っておるが、白浜におる台湾人は知らないよ。そうだなチンソウメイ（陳蒼明）
なんかもまだおるね。

（中断）

いま、考えたら本当に恥ずかしいような服装しておったからね。とにかく飲むのに忙しい、だから大変だよ。それしか楽しみがないんですよ。坑内から出てくる、まず風呂に入ることが最大の楽しみ、その次に酒を飲むこと食うこと、博打打つことこれしか楽しみがないわけ明けても暮れても同じ仕事だけだ。

もちろん、あと読書はしますがね、そりゃとても今さえ石垣でわしたちの好きな本買うたって、なかなか手に入らんでしょう。あの当時ましてだよ。セイサイ週報（不明）などの週刊誌だけだ。あとのものは買えなかったから。

――当時、いちばんの思い出や印象に残ったことはありますか

君島　こりゃもうあんまり多すぎて困るんだが、何と言うか私たちの場合は～、思い出か～。

――当時、いちばん思い出に残っていることは、苦しかったことだけですか

君島　これはもう苦しかったということは最大さ。それとね、戦争の末期だからね言いたいことを誰も言えなかったわけだ。そして私たちは在郷軍人の班長もし、連合軍会の副会長、文化会の副会長もしておったんだが言うことも言われないんだな。戦争に負けるということもはっきりわかっておるんだよな。我々にはわかるんだよな。もうガダルカナルを転進した時に、はいもうこれで戦争負けだと皆んな言うとった。といって皆んなの前で負けだ言うことは言われないで、戦時訓の講義をする時には必ず勝つ、必ず勝つんだから頑張れって言った。まるで平気で白々しい嘘を言っておった。嫌な思い出ですよ。

――戦争中炭鉱も閉山になって、解放された気持ですか

君島　それは、その時は皆んなね内地に帰ろうと思って手続きしたが帰れないんだよな。便船の都合もあったろう、もちろん私には小さい子供がおったからね。帰れんかったが、ほっとしたことは間違いないが、もう昭和二十一年の中頃までは食うのに困らなかったよ。というのは食料品は豊富だったよ、炭鉱は。野田さんのところにね米を相当、せいざい（不明、戦災か）で濡れた米ではあったがね、貯蔵のできるだけはしておいたということ。ひとつは炭鉱は特別配給があった。だから煙草だとかビールとか酒とかというものは民間になくても炭鉱にはあったんだよ。だから今度は何所帯について何本何本と配給がくる。ビールなんか勿体ないからという人もおるだろう、だからそういうものではこと欠かない。ああいう時はわしら友達が来るとビール飲まんかいと言うと、へぇ～とびっくりしておったがね、村の人たちが。煙草とね酒は昭和二十一年までは困らなかった。さあその後は大変だ、炭鉱にストックがなくなっちまったから、それからの思い出というのは、もう苦しいことだけだ。本当にね今日食ったら明日何食おうかというんだよ。あんたらでも想像つかんと思うんだがね、木の根と言ったらおかしいが、ここにパパイヤがあるでしょう、これの根まで吸って食いましたよ。クックツおろしてあれ炊いて、味もないのにね。あれを食べて～（笑い）、油でもあったら美味しい～（笑い）。それも食ってきた。ツノマタというのを買ってね、これを炊いて食う。これまた味のないこと～（笑い）。大変なものだった。だから戦争が終わってほっとしたというのはほんの一時、後はどうして命をつなぐかということ。その内に進駐軍と言いますか、あの連中が来て伐採隊をやりだして、そこに行った人たちは物資の配給はあるから賃金は安かったんだがね良かった。それから今度わしたちはそこにちょっとしか行かないで、あとやっぱ野田さんの仕事をしておった。

——終わってからもやっていたんですか

君島　はいはい、やっていましたよ、炭鉱を……。わしたちは石炭を掘りはしないが、火を焚くためにね、木を切って燃料をやっておった。

——戦争中石炭が優遇されたということは、軍がかなり使っていたのですか

君島　軍ではないが、日本のエネルギー源はあれしかなかったでしょう。だからあれ以外にエネルギーはないから、石炭は重要戦品物でした。特別重要物資に指定されていますから、それだけに普通の民間の工場と違って今度は、「暇ください〜」「帰させてください〜」と言ったって「いや、そういう理由で」とぴしゃっと押さえられた。

――親兄弟からの手紙など渡してくれましたか

君島　いや、それは渡します。……それはね、手紙なんか渡さなかったという人がおりますけどね、それは嘘ですよ。上手に開封して見たことはあるでしょうな。こちらの出す手紙は大概憲兵隊が検閲していましたな。

――本当のことは書けなかったんですね

君島　うん、わしら最初はわからんでおったがね。

憲兵隊が「君はどこの大学出た」と言うから「何にいうか俺やは赤門大学出てきた」と笑うん。「嘘つけ、われどこの大学出た」と言うから「俺の字見たらわかるだろう小学校三年だ」それで「はは〜ん、こいつ人の手紙検閲してるな」と思ってはっきりわかった。そうしないと、我々の考えていること向こうでわかるはずないの、憲兵隊と警察は全部検閲済みのハン押してからわしらの手紙出しておる。

ええ、軍の憲兵が、……あとから、終わってから、あの憲兵は原田といったな、笑ったよ。はっはっと言ってから、言って「お前ら俺の手紙見たんだろう」ふんふん、見たとは言わんでしたね。そういう時代でした。軍とのトラブルはなかったよ。あそこは戦争していませんからね。しかし、グラマンでやられたことは事実だ。炭鉱の宿舎もやられたね。上原にあった宿舎もやられたし、私たちの上なんかを毎日通るんだ、定期便が、これにはかなわなかった。

――炭鉱で亡くなった人は、どこに葬られたんですか

君島　あのね、あんたらウタラ（宇多良）まで行ってみましたか、ウタラ。

――いや、行っていないです

君島　そいじゃわらんなあ～、あそこに墓地があるんですよ。墓地に全部納めてあるんですよ。そして亡くなった人に対する慰霊祭はよくやりましたよ。結局、親方自体も亡霊に悩まされたくないんだろうな。きついこと言っておってもね。もう年に三回はね山の神といって山の神祭があるわけだ。三、五、九とね、その明けの日は慰霊祭といって拝んでから、坊主呼んでね、懇ろに弔っていましたがね。ウタラね。ウタラ、その地図でわかるかな。

（中断）

——赤レンガのところまでは行きました

君島　はいはい、あんあの赤レンガがね、あれが昔の貯炭場とね、石炭運んできて落とすところ。この川の向かい側に墓地があるわけ。もう今は誰も弔う人もいないだろう。気の毒にね。それはもう何百というの入っていますよ。だから納骨堂といってあれもあったし、よくやっておったんですよ。そういうことはよくやっておったんですよ。

（中断）

君島　多いですね、やっぱり一年で何人かずつは死にますね。

——原因は何ですか

君島　やっぱ病気が多いでしょう。ひとつはマラリアがある。それは過労からくるというか。しかし一番ひどく死んだのは終戦後ですね。戦後は酷かったあ〜。バタバタ、バタバタと死んだもな、悪性マラリアで。

（中断）

君島　野田さんは悪いもんの標本にはされてるが良い面もありましたよ。

（中断）

君島　……皆んな厄介になっていますよ。今の八重山農林高校の前身の農学校時代は野田さんの応援は素晴しかったはず。だから野田さんは悪い人だと言うがね、あの人は二重人格というのかな、そういうのになると坑夫に対する搾取だけは物凄い、あらゆるエネルギーを集中しては搾取した。だがその搾取した金を、自分だけの財産を残したんではなくて、そういう面に使った金はだいぶありますよ。だから皆んながよく野田の悪口だけは言っているけど、わしたちはいいとこはいいと残してほしいなと思うね。まあ、あんたらが農高行ってどうしたものを、その当時作られたかということを調べてもいいと思う。そして、自分のうちの坑夫の子供をね、そこの農高に自分で入れて勉強さしてきて、学費はみんなみて、今の奨学資金というか、そういうなものの先例を付けた人だ八重山では、だから……。

——悪い面だけを取り上げたら片手落ちになりますね

君島　はいはい、いや「私のおかげ」というのは終戦後になってから、修正資本主義と当人たちは言っていましたが、おへそが笑うよとわしらは笑ったんだがね。実にそのヒロイズム的なところがあったわけ。そしてまま、いわゆる浪花節調の親方だな。そういうふうにして頼まれたら嫌と言えないところがあったんだよ。案外弱さがあったんだよあの人は。だから、そういう点ではそれを活用した人は儲けている。

日本でもそんな資本家がいるんじゃない。どっさり金儲けるがその反面右手ではピストル持って、左手では愛の手をというか。イギリスがインドを搾取したように、あれは左手でバイブル、右手でピストルで搾取したんだから。それと同じようなことをあの人たちはやりましたよ。我々は骨の髄までしゃぶられたよ。だがそういう一面は、部落内でもまた上原の学校を造る時もそういうことはやってくれた。そういう点はやはり理解が早いというのかな。あの人には大きな夢があった、西表をどう開発するか。そういう点では少し他の人たちとは違っていた。あまりに悪名が高すぎて埋没されているんだよ。

しかし君たちがそれを言い負かせるようなことがあるわけかな。

それとね、向こうに行ったらタカザト・ハルコという、いま助産科医やっているはずだが、あの人のあって、あの人は元看護婦だったからね。

祖納。これは首里の女だ。ご主人は山形県の人だがね。

（中断）

君島　……聞いた方が早かったがね。もう一遍あんたら西部に行くべきだ。西表炭鉱の記録残そうとしたら。上原では坑口なんか撮影してきましたか。

（中断）

君島　あの内離ね、外離、白浜、白浜にはないんだけどね。赤崎にあった。赤崎ね。星立にも炭鉱があった。それからイナバ（不明）にもあった。それから浦内にあって、宇多良にあって、上原にあって、それからうん、波の上（不明）、ここにもあったんだ。

君島（地図を見ながら） 貯炭場はね、浦内の貯炭場は、……これが浦内の貯炭場。上原ね。墓地はこれですよ。これが墓地。

（中断）

貯炭場、これが昔の炭坑屋敷跡。コンクリート残ってるはず。ほとんど道路は舗装されていたからね。簡易舗装ではあるがね。

収録V

石垣市八重山厚生園入所居住者

花田――奴隷扱い、奴隷より悪い
大井――逃亡者に対する拷問と虐待
佐藤――辛いことばかりの坑内労働
A（台湾人）――モルヒネ注射で逃亡阻止
横口――逃亡をあきらめ追跡側に回る

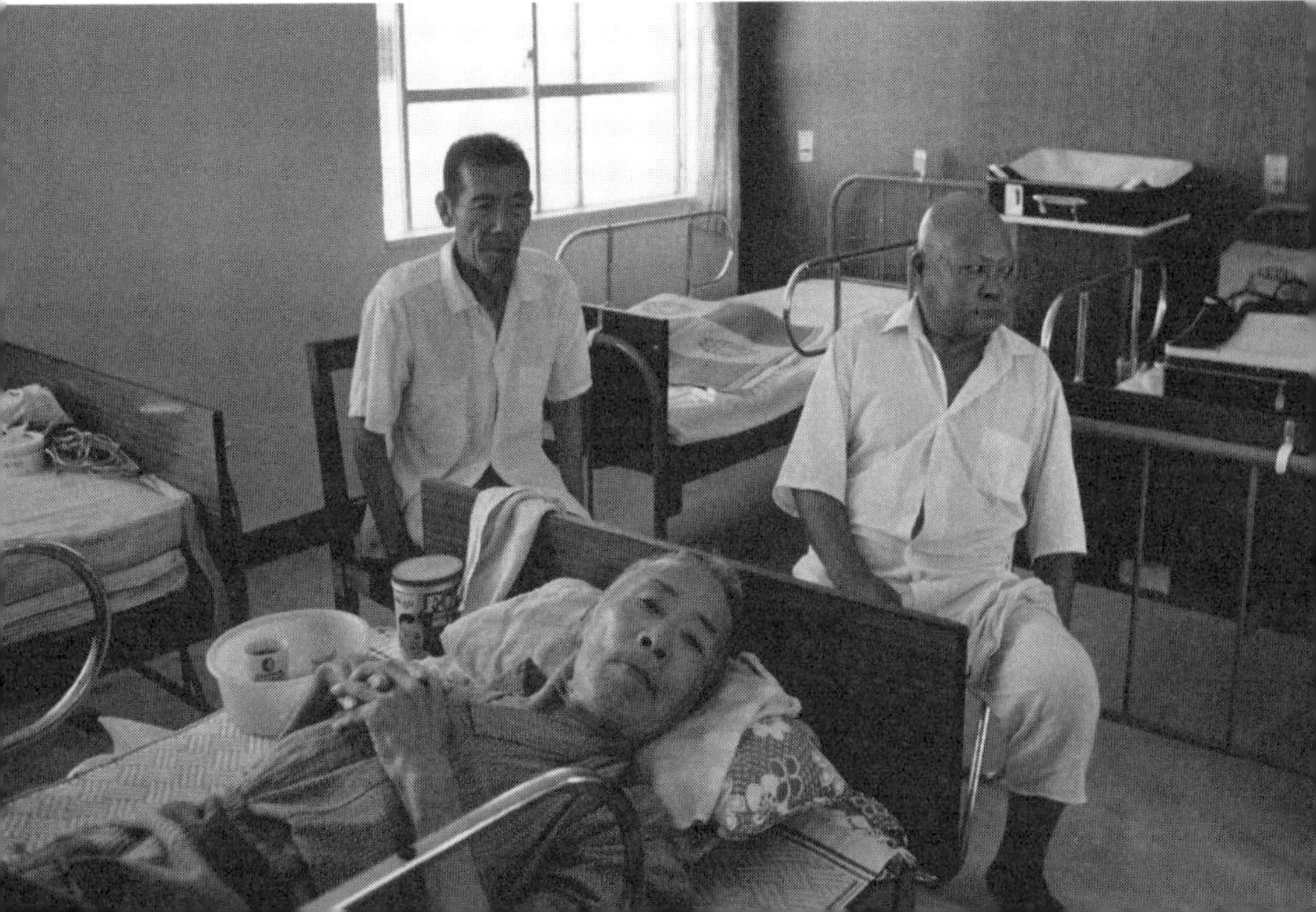

――（訪ねた理由を説明し）炭鉱で働いていた方は何人いますか

花田　ここに四人おります。

（中断）

花田　わたしゃ広島県です。昭和十一年。わしは沖縄っていうとこ見たいと思いよって、ただ□□（不明）に募集があったもんですからね来たわけど。え～一人でやっていたんです。

――何年まで働いていたんですか

花田　何年まで……、え～炭鉱が終わったのは何年でしたかね。昭和二十年でしたかね。戦争が始まったら（炭鉱）終わったんですよ。

（中断）

大井　この話、話しますけどね。あなた一回でないですよ。何回も来ているよ、話しますよ。ついこないだも、二、三

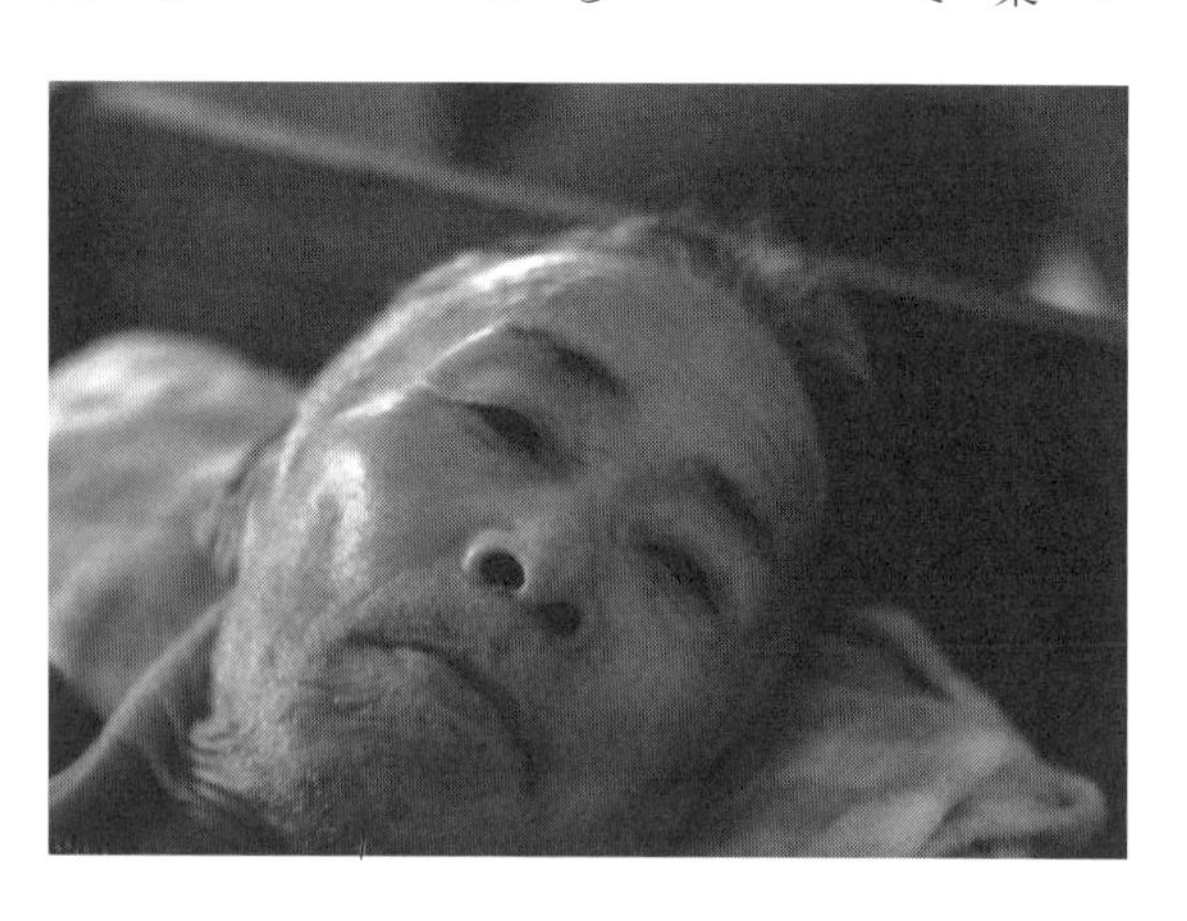

日前もあの人も東京の人ですよ。やっぱ皆んな同じですよ。こっちもあんまり長いことだからね。忘れてしまってね、どんなに話していいかわからない。□□（不明）話しましょうね。いいこともあれば悪いこともあった。長いうちだからね。昭和十三年から戦争始まるまで炭鉱におったんだがね。その間には、やっぱりわしらもいいこともあったし、悪いこともあった。私のためには、あんまり悪いこととなかったけどね。それでもいくらか足にけつまずくことはあった。

――大井さんの場合は野田さんの丸三炭鉱にいたんですか

大井　は～は～そうです。今ほとんど話し聞くといったら、その人皆な丸三でしょう。他の炭鉱はいないでしょう。全部が丸三です。こっちに来るのは後先には来ていますけどね、やっぱ働くところは丸三炭鉱でしょう。

――大井さんはどこから来たんですか

大井　わしゃ九州の長崎から。昭和十三年にこっち来てね、

そいで丸三というとこ、わしゃ丸三っていうことわからなかった。沖の山と聞いて来て、沖の山というから沖縄には違いないと思っとったんけどね。来てみたところが丸三だった。八重山のそこに昔は桟橋がなかってね。沖に船止めておったんだよね。そいで八重山ということわかっとったんだけど八重山に上陸させない。もうそのまんま白浜に着いて、白浜からこんだ機械船に乗せてね、そいで炭鉱に引っ張り込んだんだから。あん～う～その時分川ありましたよね。いまでも川あるでしょう。浦内川からちょっと炭鉱に入る際、川がありますから来たときには、もう藪の中に舟が入って行くからわしゃ本当に驚いたね。これが本当の南洋のワニが出るとこって、ここかなと思った。そいで入ってみたらそうでもない。黒い石炭が出とったからこれが丸三の炭鉱だなということわしゃ感づいとったけどな。そこでまあ働くようになって来たんだから、働かなきゃいかんと思って働いていた。働いてみたけんどね仕事はきついですよ。ほんとこっち力精一杯出さんとできない仕事でね。それもブラブラずるけとったらもう生活難儀すること何回もあるですよ。それも働いてさえもその日の生活難儀する人たくさんおったからね。そりゃ花田さんとか佐藤さんの時代にはそういうこともなかっただろうけどね。働いてそれだけ取ったんだろうから。できただろうけど、若い人間が入ってきた時があるわけだよな、わしらよりもまだ若いヤツが、青年時代の人間たくさん入って来とった。そういう人がやっぱり哀れだったと思っていますよ。一日働いて二日の食事ができないぐらいの仕事毎日あったですからな。そういう人ら思ったら本当気の毒な状態でしたよ。
ぜんぜん金儲けさささないんだから。儲けさしたら逃げて行くから、□□（不明）減っちゃうから儲けさせない。そこでもう食うだけしか儲けさせない。その様な炭鉱でしたよ、丸三炭鉱というのはね。朝は五時っていうけど暗いですよ。明るくはなっていない暗いうちに行っても向こうには夜明けぐらいには仕事始める。わしゃ辛いということはね、ちょっと腰が痛いからと言って、休ましてくれって休みつけるでしょう。そしたら腰の痛いぐらいで休む必要ないと言って、これが一番わしの辛いことですよね。腰が痛いから一日ぐらい休ましてくれれば気持ちが治るんだけどと言うておるんだけど、腰の痛いぐらいで仕事できないことないと言ってぜんぜん休ません。日曜以外はぜんぜん休ませんと言われて、それがわしの一番辛かったこと。それともう一つ自分らよそに遊びに行きたいと言っても遊びに行かせん。出さないからね。それが一番辛い。

――逃げるんではないかと……

大井　うん、まあ逃げやせないんだけどね。帰っては来るんだけどね。それがぜんぜん遊びに行かせん。祖納、星立すぐ目の前にあっても行かさせないんだからね。そういうような逆、強迫的なね、わしら縛り方しておった。一番悪い炭鉱らしいですよ。この西表でも人の話聞くとね。丸三が一番悪いって、これ本当ですよね。

――残酷な拷問みたいなこともありましたか

大井　あ～あったでしょうね。逃げて捕まって来た人間が拷問というか虐待を受けるわけですな。まあそれが一人と一人でやられるんだったらたいしたこともないだろうけどね、職員、役人が五名おれば五名が手を出すからね。そすっとやられる人も疲れるからね、一つずつ打たれても五回打たれるってことになるからね。

――亡くなった人はいましたか

大井　打たれたためですか、そりゃあったでしょう。

これはだけど仕事違う。わしらの炭鉱の請け負った仕事が違うわけですね。殺された人は、炭鉱の仕事ですね。そいで殺した人間もいまはいないでしょう。殺した人間は刑務所に行って帰って来てからこんだどっか本土の方に引き上げた当時に船でやられたんちがう、どっか台湾の沖の方で。そのぐらいの話、わし聞いていましたね。殺した人間もいないわけですよ。家族つれて全部家族と共に船の中でやられた。ということをわしゃ聞いたんだがね。そりゃ年頃だったら三十歳か三十二、三歳くらいの人間やったね。わしらの来た時分は部屋の係でね、合宿長とかね、ああいうな役割持っていた。やっぱ合宿長というたら、その時分の事務関係だからね。我々とはちょっと反対になる。まあ職員ではないんだけんどね、事務所関係だったんけんどね。その人が殺しておるわけです。その人に殺されている人間がおる。

――殺された方はどの様な方

大井　そりゃ、炊事の仕事をしよった。わしらのね食事、食べる炊事の仕事しておった。何かのいきさつでやられたんだね。

――どの様な経緯か知りませんか

大井　そりゃ、わからないんだ。それまでわかっとったら、□□(不明)で立派なもんですけどね、わからなかったん……。

――決められた量の石炭を出さないと……

大井　うん出さなければ何時になっても帰られないんだ。夜中というか、まあ遅くとも十時ぐらいになりますわな。そりゃもう生活に苦労するだけだ。一日四十銭の食代が、仕事して五十銭、六十銭では四十銭の食代が出ないわけですよ。カーバイトとか、蚊を追ったり、それから煙草吸う人は煙草も買う、そしたらご飯食べるにもお金がないということになりますわな。

――炭鉱キップについて教えてください

大井　西表だけで使えればいいだけど炭鉱でだけでしか使えないんですからね。そのキップもわしゃ二、三枚持っておったらね、立派な手本になったですよ。わしは手に持ってないだけが、あなた方から話し聞いてもね、恥ずかしいですよ。二、三枚持っておくべきだったたと思っているよ。

――部屋代や食事代は一日いくら取られたんですか

大井　え～まあ部屋代は取られないけどね、食事だけは現金主義ですからね。その日に働いてその日に貰ってきてその日に現金で払うわけですからね。私の場合は仕事が違うんで食事には困るということはなかった。それでも何回も困ることはありましたよ。わしは酒を飲むでしょう、他人の名前を借りて酒を買うでしょう。自分の名前では沢山買えないから人の名前を借りて酒を買いに行く、買って来たら金払わんといけないから、それだけ使い込むわけだ。あくる日の食代がなくて困ったことはいくらでもあります。私の場合は困って難儀したっていうことはないと思っています。

――当時一番楽しかったことは……

大井　楽しいって、何が楽しいかな。まあ公休日にねいくらかの小遣いがあれば楽しいですよ。他に何も楽しいっていうことないですよ。山中だからね、何もどこに見るってことないですからね。木の枝とか葉っぱ見るだけで何も楽しいことないですよ。それから七年後に映写機持ってきて映写見せよったですよ。それから少しね、人間というものが出てきたですよ。

――大井さんは結婚されなかったんですか

大井　ならない。

え〜ずっと炭鉱にあちこち回って歩いていたからね。しかし本当に、こういう沖縄の炭鉱に来たばっかりにね、これも本当に私の罰と思って諦めていますわ。親の罰ではないかと思っているさ。親を捨ててきた罰が当たったと、わしは諦めていますよ。

――どの様な罰ですか

大井　親の罰ではないかと思っているさ。親を捨てて来た罰があたったとわしは諦めていますよ。

――長崎から親の止めるのを聞かないで……

大井　え～まあ遠くには行くなと言うたけどここまで来てしまった。金にはなると思っていなかったけど、金はこっちに来る時連れて来た人はね、こっちに儲ける金はね、本土にいても儲けられましたよわしは。一日働いて二円や一円七、八十銭の金はね、あの時分の一円七、八十銭ったら、今の何百円かにはつれあうからね。そのぐらいわしゃ本土にいても儲けよったですよ。あっちこっちで、だがまだ、ええとこないやろうかと思ってよって入ったのが、こういうのが最後には落ち込んだですね。今では丸三炭鉱も手離してくれた。その手離すのが遅いのですよ。もう炭鉱は戦争がはじまればできないですからね。それから後にわしは軍属に売りつけられたわけです丸三から。一日四円の日当でね、わしら軍隊に売りつけられておったんですよ。そいで軍隊にいて、五カ月くらい働いたですよ。この山の奥に入って、そいで帰ってから、その四円の日当くれればいいけどくれない。それは半分もくれないぐらいですよ、そういう状態ですよ。

――大井さんの体は自身ではなく丸三のものだったわけですね

大井　うん～わしはわしが丸三に売りつけたようなそいうような状態ですね。自分の体ではないですね。向こうが手離してどこへでも行っていいよと言うまではわしは自分の体になっていない。

――戦後炭鉱が閉山になって自由になったんですか

大井　自由というかアメリカが入って来てね、アメリカがまた炭鉱始めたですね。マチューズ大将というのがおってね、この人が炭鉱始めてそれからバブという大将が交替して来て、バブさんがわしらを炭鉱の方に引っ張ってくれた。

――今度はアメリカの経営者で働いたんですか

大井　うん～働いた。わしゃ働かないです。わしゃ炭鉱だからやめた。行かなかった。
その後ずっと終わってから、やめて出たんですよ。その後わしゃ十四年間余りよそで農業やって働いておったですよ。農業も自分のもんじゃない、人に使われてやるんだから自分のもんじゃない。それもやっとったけど年も取るしね辞めてここに入った。

――働いていたところはどこですか

大井　向こうの竹富の島。竹富じゃない。ずっと向こう大原で……

――古見じゃなくて……

大井　うん大原。……わしゃ農業しておったけど農業したことないからね、あぎゃ厄介なもの。炭鉱辞めて軍に行って、こんど帰って来たら丸三で農業始めて、山伐採してから鍬で耕して芋植えたり、田圃あげたりしてね、やったことある。ケツまで入る田圃入って、冬寒いのに水の中に入って□□（不明）死にそうだった。炭鉱の話ったらそのぐらいしかない。

（中断）

――佐藤さんも丸三で働いていましたか

佐藤　皆んな同じ。

――どこから来ましたか

佐藤　わしゃ、…………（長い間小声で、不明）あん時は大富におったな。

――生まれはどこですか

佐藤　新潟県、新潟県の西蒲原郡のマチキ（巻町？）というとこです。……あ～もう忘れたな、二十六、七頃に。いまもう七十三歳。なんですよ、……一遍台湾の方に行って稼いでおったよ。

え～基隆のね渋谷旅館に泊まってよ、そしたらあそこの旅館の親父がね、丸三炭鉱の野田さんと仲良かったですよ。あっ、ここ行ったら内地行くときの金儲かるから行って六カ月したら旅費やるから言って稼ぎに行ったな。行ったらところが、なんぼかな借金し増えるだけ、借金が残っただけの話し、金一銭も～（笑い）。

炭鉱でね。わしのはまた、炭鉱で石炭掘るのではなくね、石炭掘る人の坑道を六尺の高さに坑道を造ってね、採炭の入る各所を造ってやったわけ、マイト掛けてね。

――炭鉱の仕事は辛かったですか

佐藤　はあ～やっぱり、自分の思うままにはできんからね。向こうで言うなりに稼いでおったんだけど、やっぱり辛いことは多かったよ。

――結婚はしましたか

佐藤　しない。いや家内は貰ったよ。佐渡ヶ島の女ね。いやありゃ向こうで、佐渡ヶ島でおったよ。いや家内が死ん

でからこっちにおったよ。……その内にね、また婆さん見つけたけど……（笑い）、年取ったから思うように仕事できんから別れたさ。

――夫婦と独身の住いは別々だったですか

佐藤　はい。……やっぱりね家内持った者は小納屋でね入っておって、独身もんは合宿に全部。

――閉山の時、帰郷は思わなかったですか

佐藤　は～もう思っていても金がないでしょう、もう行くこともできんから諦めておった。

――こちらで骨埋めるつもりで……

佐藤　はい。

（中断）

A　皆んなたまされて（騙されて）きた。生活費少し言えいうて付いてきた。あ～せんせん帰られんさ。働かん、働かん許されん。モルヒ作ってやって逃げるはモルヒやるぞ、命ないの。

――モルヒはモルヒネのことですか

A　うん、聞いて（効いて?）いる。マルノ炭鉱（丸三炭鉱）わかる。

――台湾の人が経営している炭鉱ありましたか

A　うん、そう皆な人夫ほしいでひょ。あん時たれもこない。皆な台湾に行ってたまされて、生活いくらいれて、一カ月いくらくれる。来たときウソ、皆なよく働く、逃げるはできないよ。皆なモルヒ注射して、逃げていたらモルヒないもう、ぜんぜん仕事できない。

――モルヒネ中毒にして逃げても駄目だから……

A　だめよ。僕の□□（不明）海泳いで行って、山行って亡くなったたくさんある。聞いている。シャケイ（謝景）一番悪いよ。こちは日本の天皇陛下みたいに台湾いかない（不明）。台湾行く場合はね、台湾にはケイリ（刑事?）みなホショウ（歩哨?）している。先、電報打って、私台湾帰る、台湾行ってみな殺すわ。そいで謝景台湾の人と違う、

マーコー（満公？・不明）高雄船乗って行く。

（中断）

A　私一人知っている、チンセキシェイ。どこ働くわからん。丸三炭鉱、謝景とこわからん。

――チンセキセイさんのところで働いていた人いるのですか

A　あ～やっぱ西表さ。戦争し、皆引っ張って来てさ、防空壕造る。現在、石垣新川六十七番地、体悪い。

――炭鉱が閉山になって皆さんや他の人はどうされたのですか

大井　はっきりわからんですね。死んだ人もおるでしょうね。軍隊が入って来て終わったんだからね。それから軍隊に召集か、帰って来て死んだ人もおるからね。

――丸三鉱業所に台湾、朝鮮の人はいましたか

大井　二、三名くらい混じっておったね。朝鮮人はわしは三名ぐらいか分らん。

――朝鮮から連れてこられて……

大井　そういうのはわからん、一緒におったけどね、どういって来たか。話はしておるけど、ぜんぜん朝鮮言葉出さんのに、標準語使うのに、いくら標準語使っても訛りが出てくるからね。

――名前は日本名に変えていましたか

大井　いや、ありゃどうなんかな、日本名じゃないだろうね。やっぱ向こうの少しぐらい省略しておる。本当の朝鮮の名前は言わないわね、金高とか金本とか。死んだ人も沢山おりましたよ。わしが知っているだけでも七、八名はおったですよ。五、六名はおったですよ。

――死んだ方は、どこに葬られましたか

大井　山に持って行って埋めておる。墓はありますよ。今でも小さい川渡って行った上にちゃんと墓ができておる。だけど墓と言ったってそんな大きな墓ではない、狭い区域で。

佐藤　墓は皆な今は竹藪になっておる。いっぱい生えておる。

大井　カヤも生えておる。しかし行けるも、穴も浅く掘っておるから大雨でもう何十年も、あれから二十年以上になるんだから、雨に洗われ流れておるんじゃないかと思う。貯炭場の真向かいになる。向こうに小さい道があったでしょう。コンクリートの道があったでしょう。あっちもこっちも十文字に、わしらの居(お)った兵舎、家が建っとたから。そいで道がありますよな。

そいで一番端まで入ったところがちょうど、船で来て石炭積むところだからね。あそこまで石で積んでおるから形は残っていると思う。そのすぐ西に入ったところに橋があったですよ。橋渡って南に向いたら登って行くところがあるんですよね、近いですよ。探そうと思ってもあんなところ入って行かれない草がいっぱいで。

佐藤　貯炭場のあの桟橋にしたレンガね、あれはまだ残ってるはず、レンガの橋がよ。残っているだろう。あそこから石炭落とし込んで船に積んだからな。

――一人で石炭をどのくらい掘りましたか

佐藤　……（無言）

――良い穴に入れてもらえるかどうかで、大分違ったようですね

大井　……そうらしいね。

――親方に恨まれると層の薄いところに放り込まれて、なかなか掘れなかったそうですね

大井　（笑い）……そういう関係もあったでしょうな。

――寝て掘ったのですか

花田　寝て掘るところもあるし、座って掘るところもあるし、いろいろあったんですよ。あ～もう刃擦り擦り這って掘ったところもあったんですよね。いや、きついときもあるが、そうきついこともないですがね。はあ～一番辛かったことと言うてなに言っていいか……、まあ僕はきつかったということは親父にいじめられた時が一番きつかったですわ。他の者がいらんこと言うてですね、言うたと親父にとおる。もう僕を悪もんにしているですね。

――殴られましたか

花田　殴りましたことある。殴られましたことある、はっはっ～（笑い）。

――親父というのは野田小一郎さん

花田　え～そうです。□□（不明）つい、そういうふうに悪いことをなんかをいらんことに使うんですね。自分が良くなろうと思うて使うん、そいでやる。

――告げ口をするわけですか

花田　え～え、そう。ええ～いろんなことを言ってですね……。

――一生、炭鉱でお終いになると思ったですか

花田　もう戦争が始まって、まあ済んだからいいが、こなかったらいつまで働くもんか、わからんもんね。

大井　戦争に負けてなかったらまだやっておったですね。

花田　奴隷扱いだからね……。奴隷より悪い。

大井　ずっとやっておったら生きていないよ。

佐藤　死んでしまうよ。

A　陳リュウメイは丸三働いているね。

大井　いま考えると人間早く死んだ方がましと思うておる。もう生きている資格ないと思っておる、わしは。何も意味しないこととして、仕事して金も残しきらんでウロウロしておって、まあ人間の価値ない本当に、早く死んだ方が良かったと思っている。だけど人間は「憎まれ小僧ごにくは（不明）」でいつまでも生きている。まあ生きているだけ運がいいんじゃないですか。運もいいし、また自分の極楽でもあるだろうと思う。まあ健康状態でありますからね。

――働いてお金残すよりも一日一日精一杯楽しく生きるほうが……

大井　うん、それが精一杯、自分たち働いてきた金でね、酒飲んでね食いたいもん食う、そし

て元気であればいいということばかり考えておったね。残してどうにかしようとはあんま考えなかったな。そこはまだわしは教育足らんといえるね。教育というて教育もないからね。

――その日飯が食えて酒飲めて楽しければいいと……

大井　そういうに思う人が十人が八人までおるでしょうな。長生きしていればいいと思うでしょう。八分どうりは思うておるはず。だけど戦争が始まって負けて良かったといまわしは思っていますよ。負けていなかったら、まだ炭鉱は終わっていないはず。この西表の炭鉱はどんなことしてでも掘るからね。相当難儀させてやっとるここの炭鉱は、あっちこっち。

A　西表の石炭内地て使わない？

大井　使わないよ、使ってても沖縄の石炭使わないよ。

A　終戦後、まだいい時使っているでない。

大井　まだ本土あたり炭鉱やっているところあるってじゃない。こりゃ石炭がいい石炭掘っているんでしょう。はん～だんだんなくなるとは言うとったがね。

――西表の炭坑は比較的浅いですね

大井　山で埋まって死んだ人なかったからね。

――事故とか山崩れてとかは

大井　いや、あんまそういうことはないですな。

――閉山になって故郷に帰ろうとは思わなかったですか

大井　わしはそう思っていないね。帰ったところでどこに帰った。帰っても探さなければいかんから同じだから、どこに行っても同じだから、そういう気持ちはなかった、ぜんぜん。だけど年とったら自分の兄弟なんかに会いたいという気持ち出てきますよ。まだおると思うんだけどわからんね。おったらわしの妹なんか何歳になるかね。もう四十、五十ならんぐらいだからね、生きておったら、もう見てもわからんね。忘れてしまっておる。目の前で話してもわからんね。

――全く音信不通ですか

大井　あん～やったことない。おっかが来たこともない。

――向こうも生きていると思っていないかもしれませんね

大井　うんうんいや、どうか知らん。死んでも本籍にはどうなっているんか知らん。死んだということになってないのだから、生きておるかなと思うんだけど、わしは生きていないだろうと思っているんだけどね。わしのお母さんなんか生きておったら、もう九十余りになります。もう生きていないだろうと思うけどね。

——広島でしたね

大井　いや、わしは富山県です。富山のわしゃ東砺波ですよ。ぜんぜん山ですよ。いまあそこは市になっておるそうですね。わしは富山いうても、本籍は富山にあるんだけんど富山に生まれていないんだからね。生まれ違うだ。わし栃木県です。うん栃木県の足尾銅山があったでしょう。あっちで生まれた。わしゃ旅に出て旅に親たちが出て、旅に生まれておるからね。

——ご両親が足尾銅山で働いていたんですか

大井　うん、だから籍だけは預けてあるだけであって、自分の本籍に一、二回行っただけであってね。誰が誰だかさっぱりわからん。いま従弟が一人自分の家を守っておるということ聞いておる。それは大井キンゾウというのが後を継いでおるという。その人の大きくなった時の顔はわからない。小さい時は知っておる。赤ん坊の時はね一、二回見たからね。大きくなってからぜんぜん見ていない。

（中断）

――炭鉱で働いていた頃の夢は見ますか

大井　あ～夢は見ますね、時々は。恐ろしい夢見たことありますよ。逃げて行くところをね、後からどんどん追いかけて来てもうまさにいま捕まるとしよった時にね、そこんとこひょこっと目が覚めてね、あ～恐ろしい夢だなと思うとき二、三回ありますよ。やっぱり自分が逃げるという意志があったから夢見るんじゃないかと思うてる。恐ろしいですなあ、あの夢は。

――いつでも逃げる夢ですか

大井　うん、一回は相当上の人に情けかけられてね、まあ自分こんなしているよりも僕の言うこと聞いてみろ、その代わりお前を先に向いて行けるようにしてやるから、金儲けさせてやるからということ、大きな夢見たことありますわな、だけど起きてみたら何もない、夢さ。そんなことありますよ。やっぱ自分欲張っておるからだめ、あんな夢みるんじゃないかと思う。

――逃げきった方はいますか

大井　逃げたきり逃げていく人はいなかったね。皆、連れてこられるんだな。また追って行く人が何日かかってもかまわない、日にちはかまわないだからね。今日捕まんなかったら明日、明日捕まんなかったらあさってという風に向こうは食料持ってやるんだから、どうしてもかなわない。負けるんじゃない。最後には捕まって来る。

今、楽しみって別にないけど、こっちに入ってから遊んどって、贅沢に食うてからこれが一番の楽しみだね。他にいってない。

――横口さんは野田さんの丸三で働いていたんですか

横口　はい、そうです。

――生まれはどこですか

横口　岐阜県です。

――何年に西表に来たんですか

横口　昭和十三年。いい仕事があるからというわけで。

――岐阜県で

横口　いや、広島県の広島ですよ、三原。炭鉱でやっ

ていて、その炭鉱を出たんです。出てそいで路頭に迷うから募集にかかったんです。募集屋に行ったわけです。その募集屋がこういうとこに炭鉱があるから行かんかと、そいで来たわけなんです。とにかくそれからずっと西表におったんだからね。炭鉱はもう早く潰れてしまったけどね。

――一番苦しかったことは

横口　はぁ〜もう一番も二番もわしは全部苦しかった。苦しかったけど、わしゃ食うのに困らなかったです。まあ、向こうで皆んなに話しを聞いたんだろうけどね。そのような話ですよ。

――朝早くから

横口　はいはい。

――殴られたことは

横口　いや、わしはないね。他の者は殴られた人もあったけどね。もう、あんた方向こうで話し聞いただろうからね。わしゃ、何にもよけいなこと言う必要もないしね。

――**炭鉱が終わって、すぐこちらに引き上げて来たんですか**

横口　炭鉱が終わってからね、あそこに暫くおったんですよ。木炭焼きしたりなんかしてね。それからこっち来て、今から十年前だからね。ここに来たのが六十三年かね。

――**それからずっと養老院に**

横口　はい。

（中断）

――**炭鉱のこと思い出しますか**

横口　別に思い出さんね。辛くもないけど思い出す必要もないしね。

――**後悔なさいますか**

横口　そりゃ後悔するね。えらいとこに募集で来たと思うね。

――**逃げようと思いませんでしたか**

横口　いや逃げようとは思わんね。また逃げる必要もなかったもんね。あ～ずいぶん逃げたのはおるね。はあ逃げ切ったやつもおったし、また捕まって帰ってくるのもおったね。

――捕まったら大変だったようですね

横口　ありゃもう大変だよ（笑い）。

――おばさんは奥さんですか

横口　はい、そうです。さあいつかね。もう忘れてしまったよ。もう十二、三年になるでしょう。これも募集で来たんですよ。

――炭鉱で何の仕事されていたんですか

横口　炭鉱で積み込み。はい、石炭を船で積み込むやつだよ。これは若いときは力は強かったですよ。こりゃ那覇から来た。

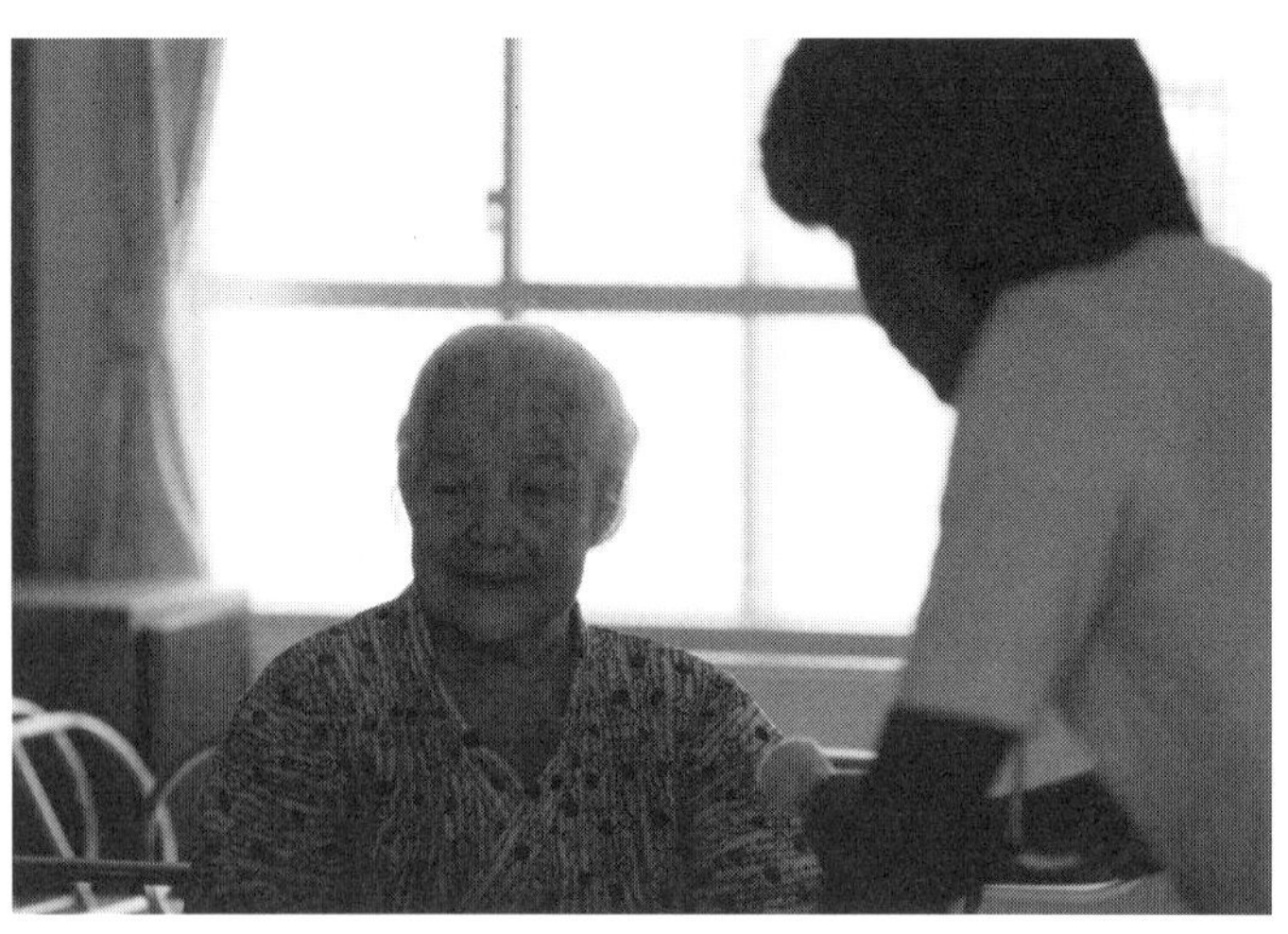

――那覇の人ですか、募集できたわけですか

奥さん（感情込めて）　はい。え～え～募集よ（笑い）。あ～あ～野田の□□（不明）苦しかったよ。

――何年働いていたんですか

横口　何年なるかねわしらこれが来たのわからん。

――いつ知り合ったのですか

横口　何年かね、……わからん。

――働いている女の人は何人もいましたか

横口　あ～大勢おったですよ。

（中断）

横口　……だからね、大一番の石炭スコップね、どんどんやりおったからね。

（中断）

――女の人大勢おったんですか

奥さん　うん、うちゃ驚かされんけんどよ□□（不明）

横口　とにかく大勢おったですよ。二、三十人おったでしょうね。

――女の人だけで

奥さん　はい、ゆうるりで（不明）うちらの組合えっえっ（笑い）やんか風邪引く暇もなかった。雨風降ったって……。

――女の人の宿舎あったんですか

横口　いや宿舎いうてね、これは亭主持ちでね。

奥さん　こない言うとったです。

横口　別にしんしょう持っておったですよ。

奥さん　亭主持ち……。

横口　炭鉱終わってから一緒になったからね。炭鉱やっておる時は、また別の亭主持っておったからね。

――ご主人は亡くなったんですか

横口　はい。

奥さん　あの～オシッコ洩ってくる。

――**奥さん眼が悪くなったんですか**

横口　はい。

――**広島を出る時お金は借りませんでしたか**

横口　……借りません。来るまで、つまり来る時に使う旅館賃ね、そういうのは全部募集人持ちですから。いやその時の借金は四十五円四十五銭こっち来ての計算ですよ。そいで私なんざは借金の無い方だもん、ある人は二百円も三百円もあったわけだ。

――**それは借りたお金ですか**

横口　そう旅費、旅館賃それから料理屋行って飲み食いした金もそれに入っている。

――**飲み食い自由にさせてくれたのですか**

横口　それが自由ではないですよ。そうです、そう自由に飲み食いできんですよ。

――出発してから旅費、旅館代、飲み食い代全部が知らない間に借金になっていたわけですか

横口　そうそう。

――募集の時、個人持ちと言われていたのですか

横口　はい。

――一カ月働き払いというのはどういうことですか

横口　とにかくね、何でもかんでも仕事をしなければ借金が、え～食っていけないような方法になっておる。それというのはね、食費が一日何十何銭ですよ。それは、……今日仕事したやつが明日、あさって切符で返ってくるんですよ。まあ現金みたいなもんだけどね。そん時に、この積立金というのを引かれるわけです。その積立金でもって、その借金を返していくことになっておる。

――帳面みたいのがあるんですか

横口　いや、向こうで勝手に帳面に付けるだけのもんで……。

――自分ではわからない

横口　そりゃわからない。積み立てしたのはわかるんです。その三日後にね、三日後にわかるんだけど、いくら貯まったかはわからん。

――横口さんの場合は借金が少ないからすぐ返せたでしょう

横口　ところがなかなかそれがすぐ返せないで（笑い）。

え〜え〜どうしてもこうしても、四十五円ぐらいは一カ月で返せそうなもんだけども、それが十年経っても返されんことになっておるん。これが本当不思議なもんでね、どういうふうになっているか、とにかく借金が抜けんように抜けんように仕組んであるんだから。だから皆んなもう逃走するんですよ。

わしらもう諦めておるから逃走したいとは思わなかったけどね。で逃走したやつ、わしら追いかける方だったがね、しまいには。で追いかけて捕まえてきたら、こんだ追いかけた人間の費用からなにから全部、またその借金のうちに入るんだから。追いかけたもんはまあ手間貰うだけのもんだけどね。

――追いかけるということは、かなり上の方の人に信用されていたんですか

横口　はいはい、そりゃもう、どこに出しても心配ないちゅうもんでなけらゃ、そういうことはさせんからね。

――捕まえた時縛るのですか

横口　いえ、縛りはせんがね事務所のコンクリートの上に据えといてね、それで叩くんです。いやいや、わしらもう～そんなことは、ひとつも手出さんだったがね。わしら三回か捕まえてきたがね、一遍は夫婦ものを捕まえてきて、こりゃ宮古の人だったがね。はあ辛いね。

そりゃとにかく捕まえてこなけりゃ手柄ならんからね、で捕まえてくるんだけども逃がしてやるということも、またこりゃでけんので、だからまあ涙ながらに捕まえてくるんだけどね。だからわしらああいうことは命令されても行かんだったですよ。

――捕まえるには会社の偉い人や何人ぐらいで

横口　会社の偉いのは付いて行かんですよ。とにかく、もうあのことを追跡と言うんだろうね。もう信用されて野放しにされるんだから、だから食料持って行くんだからね。たいがい二人ぐらいで行くがね、少し遠くなるというと三人、四人、その三人、四人で行く費用は全部その逃走者のあれにかかってくるんだからね。

――借金に

横口　借金に。

――夫婦の人の時は何人で行ったんですか

横口　こん時には大勢出たですよ、え～六、七人出ておるね。一日二円五十銭、そん時一週間かかったから、いやあの人の借金が大変だったろうと思う。

――その人はどうしましたか

横口　え～おかみさんが死んでね、男の人はしばらくおって、また逃げちゃったよ。今度はうまく逃げた。

――捕まって、夫婦一緒に打たれましたか

横口　そう、だけどそうねあん時にわしゃもね条件つけて捕まえたからね。宮古の船だったがね、そいで船頭に頼んでね、とにかく腹が減っているからと言ってメシ食わしたんです。メシ、また向こうで炊いて何も食っていないメシを、たしかもらってやってね、それから連れて来たんです。その時に向こうの人が頼むから絶対殴ったりなんかせんようにお前から頼んでくれちゅうからね、あ〜そりゃいいよ引受けたちゅうて、そいで連れて来て事務所にその話をしたらね、いやそいつはわかったちゅうて、そいで快く承知してくれてね、だから二つ三つしか叩かんじゃったです。

――何処で捕まったのですか

横口　え〜このね、西表からずっと海岸へ来るとねユチンというところがあるんです、あそこで捕まえたんです。

――古見の方まで追いかけたことありますか

横口　え〜古見までは行った、あれから先はわしは行ったことない。

――古見でもだいぶ逃げて来た人いるらしいですけど

横口　いるかもしらんね。土地の人が皆なかばうからね、わしらが来たぐらいじゃ離さんですよ。

――土地の人がやはり同情したんですか

横口　はあ〜え〜はあ。

――朝鮮や台湾の人は逃げなかったですか

横口　そりゃせんね。あの人らはもうあの人らの部落があってね、だから心配ないです。

――内地から来た人が多く、逃げた人も多かったですか

横口　五人で一遍で逃げて、この人らは巧くやったね。途中で船かっぱらってね、そいで逃げて、とうとう逃げとうしたもんね。こりゃ途中のどっか島へ辿り着いて捕まったちゅう話をする人もあったけどね、いやそんな捕まりゃせんよ。そりゃ巧くやったなちゅうて喜んでおるよ。

――一年間に何人ぐらい逃げましたか

横口　さあ〜、どのくらい逃げたかね、わからんね。

――夜に監視人がいましたか

横口　夜警がおったです。

――しょっちゅう見回り歩いていましたか

横口　はいはい。

――当時のこと思い出すと辛くなりますか

横口　ふん、ふん。

収録Ⅵ

周沈金〈石垣在住〉

——借金漬けと蔓延するマラリア

――台湾から西表に来た時は何年ですか

周　ちょうど昭和十八年ですよ、六月頃。

――どういう理由でこちらに来たんですか

周　まあそうだなあ〜丸三のね〜、いやその時は丸三ではなかったですよね。まあ、炭鉱の親分に（会いに）台湾に行って、そいでこの炭鉱の募集に行ったですよ。募集に行きまして、その時はまあ、若いときあるでしょ、まあわがままだからね、まあ三十円の前金貰って、その三十円の前金も飲んで食って、そして金なくなってから親方、まあ「さあ行こう」と、そいで風呂敷包み一つ持って、親方と一緒に来たですよね。来てみたらね、あ〜もう〜逃げるとも逃げられんですよ。海の真ん中ですよね、朝起きてみたらこっち見ても海、こっち見ても海さね。だから逃げるんだったら一日も早く逃げたですよな、はい逃げられんですよ。まあ仕方ないから、あそこにまあ〜しばらくおって、ちょうどその時戦争がまあ激しくなってしまって何年頃かな〜ちょっと覚えていないですよね、まあカキハラ部隊（不明）というあの海軍の部隊ですよね。ちょうど募集にされてよ、この八重山に来たですよ、防空壕掘りに。防空壕掘りに来て、その時わし班長ですよね、皆年寄りばかりだから日本語もわからないですよね、だから相手にするの私一人だけですよね。

それでもう、またそれ会社（不明解散？）にして、インデ（不明）とうとう書いてよ、野田さんの組入ってしまったですよ野田さんの。野田さんの組に入ってしまって、野田さんに〜、う〜んまあブタみたいに扱ってくれたですよね、はい。動物みたいに扱ってくれたですよ、はい。ホントにもう食うも充分に食わせないし、そして働いていりゃまあ、そうだな今日働き明日働きいつも借金借金とみるんだ（不明）。

それでお金も一銭も見たことないですよ。売店に物買いに行く、煙草一つ買いに行くんでも札（ふだ）くれるんだ、札にはいっ（不明）ちゃですよ。今日日ね石炭をいくら掘っても、いくら働いてもお前は借金と、はい。

これはいかんでこりゃ私も、これはなにかひとつ八重山逃げていかんとならないと、そいで最初は米一升取って、このくらいのミルク缶カン袋下げてよ、逃げたですよ。逃げてから、もうちょうど丸三が監督使ってよ、わしの方に、もう探しに回っているさ。ちょうどに浜に見つけられて、そいで事務所連れて来て手足しばって大きな棒持ってきて叩いたさ、僕によ。このケツにね。さんにち（三日）動かなかったですよ。ぜんぜん動ききらんかった、はい。あんな無茶〜あれ一人殺すも、蟻これ一匹殺すみたいにやるですよ野田さんの方は。うん、それからわしゃこれちょっと治ったから、また逃げた。二回目ようやくわしゃ八重山に逃げて来たですよ。二回目によ。これも糸満とね、さら舟の向こう行ってよ、ザイタトミタという人（不明）

に相談してよ、舟に隠れてこっち来たですよ。こっち来て後は丸三がまた監督に使って、四、五名使ってわし探しに来たですよ。とうとう探されない、□□（不明）探されなかったですよ。だからそのままね、まあ、わし八重山におって、あと船来たらね、あの時の内地人もおりました。その方も、アメリカさんがもう可哀相だと思ってね、アメリカさん来てよ、解決してみな解散、帰したでしょ。運転（不明）止めてよ全部解散さしたでしょ。そしてアメリカさんがおかしいですよ（不明）。内地人がね、みんな解散さしてね、内地人バラバラでしょ□□（不明）あちこちにまだ。

□□（不明）西表に大原とか、□□（不明）とかね、農家のうち（家）に入った人おりますでしょ。だから野田さんに良いことないですよ、野田さんは～。死ぬときもね病気罹って二年間とね、その病気苦しめて、そして死ぬ前に自分たれとも□□（不明）誰も付かんと死んだですよ。□□（不明）□□（不明）はい野田小一郎……。

――死ぬときは惨めだったんですか

周　はい、死ぬときはとっても苦しんで死んだですよ、あの人は……。

――因果応報というか～生きているときに悪いことを……

周　え〜そうそう人間はね、誰も□□（不明）まあ人間はね、いいことやればね、ちゃんといいこと出てきますと、悪いことといったら悪いこと現れてくると、はい。だから仏教いつも言うでしょ、みんな真面目になれ、ね。みんな今日一日何事やってもちゃんと神様見ているから、仏が見ているからね。絶対□□（不明）されないと。

――逃げた時は昭和何年ですか、何年働いた後ですか

周　うん〜そうだな、昭和十八年う〜ん昭和〜ちょうど戦後中、戦争終わってからね、戦争は二十一年に終わったからね二十一年頃と思うたな、二十一年頃。ちょうどその時また夏であったですよ。八月頃ね、夏だったたですよ。わしこっち来てから八月十五夜で覚えてた。

――丸三鉱業所にも台湾の方大勢働いていましたか

周　はい、たくさんおりますよ、いえ丸三の方はあまり少ない。

――何人くらいいたんですか

周　丸三の方はほとんど内地人が多いです。台湾人はおっても二、三人くらいでしょ。

――朝鮮の方は

周　朝鮮の方もおりましたけど、はい何人かはわからない、はい。それもこの西表の炭鉱は三つに分けてやりますでしょう。白浜の前の山のあるでしょ、あっちは新鉱という炭鉱だ。それでまたこっち側の方はね、え〜と何炭鉱というたかな忘れたかな、親方、謝景という人ですよ。謝景は感謝の謝ね、景はあのまあ景気の景かな。それで前の新鉱の炭鉱ね□□（不明）以前もう一人の内地人おりますでしょ、□□（不明）もう一人のクシャか（不明）、クジハラか（不明）内地人でしょ。クジハラ組（不明）、この二つ新鉱におりますでしょ。そんならこっち側の方は丸三の方でしょ。野田さんの方で、それで赤崎もあるでしょ。赤崎の炭鉱は陳蒼明方に、ところですよ、はい。

――丸三鉱業所で働いていて内地の人、沖縄の人もいて特別台湾出身ということで差別されたり、特別辛い目にあったということありますか

周　お〜ありますよ〜。

――どんなところで差別されたんですか

周　まあそうだね、時々むこうの丸三の監督よ、時々バカヤロウとかね、この台湾のチャンコロとかね、言うばい、はい。そんで今度坑内に仕事行くでしょ、穴の中入って石炭掘るでしょ。今日は台車一台掘って来るでしょ。明日、二台掘れ明日二台掘ったらあさって三台掘れと言うね。それでね、その時代マラリア多いですよマラリア。マラリア□□（不明）坑内入ったら□（不明）でしょうな。坑内入ったらマラリア震えるでしょ。それで今度丸三炭鉱の野田さんの監督ね、二、三名使っているさ、それ監督はこの穴入って、あちこちに回って見たらね、このマラリアの人にまるで仕事できないでしょ。震えて手（不明）使っているでしょ、「お前何か！」と言うたからね、「お～マラリア～」「貴様何マラリア！」、捕まえてすぐ池の中に突っ込むですよ、はい。そんで今度上がって来て、またタンタンと叩くですよね。「何やらんか、やらんか！」とこういう扱いやってます。

――周さんもマラリアに罹られたですか

周　いやわしゃ～この琉球来てから、まだ一遍もマラリア罹ったことない。

――罹った人に対してそういうことやるんですか

周　はいはいそうです。わしゃマラリアはありません。ただ眼が駄目だ。眼も悪くなってから十八年になりますでしょ。

――どういう原因で

周　そうね、やっぱりまあ医者の診断が鳥目と言われてですよ。原因は鳥目。わしも～一緒に名古屋□□（不明）の先生が沖縄に無料看に来たですよ。今から六年前、七年前ね。こっち右目は見込みないから、左をやったら聞いたら見えると言われたですよね。それで、わしは早速準備してそして名古屋まで行って、まあ三カ月くらい入院してよ、治療して貰ったですよ。最初のキズは良かったですよ、白内障の手術は良かったです。二回目の手術はね、もう二時間、大手術、緑内障、一番たち悪いの、はい。□□（不明）真っ暗、あとまで眼見えない。□□（不明）またね、わしゃ言うの医者上手でないと思うた。五十名くらいで回って来たですよ。かえって悪くなっている、はい。

――鳥目になったということは炭鉱で働いた時の栄養失調みたいので罹ったのですか

周　そうらしいと思う、そうと思う。その時は不味かったよ。こっちのね野菜、内地でウンサイ葉（不明）と言うでしょ、ウンサイ葉というのあるでしょ、こっちの人ウンサイ葉というでしょ。あの野菜をよ、もう豚の餌みたいに炊くでしょ、大きな鍋で。これ丼一椀、これご飯これだ、ざつ（不明）も何もない。うん、キムソン（不明）思い出した。寝る時も時間鐘鳴らす、朝起きる時も鐘鳴らして起きる（笑い）。あの時はもう～きっさ（不明）あれば何でも言えるさ～。

――眠る時は日本人も台湾人も

周　はいはい、部屋もちゃんと両側に部屋あるでしょう。土間にちゃんと監督は、夜ずっと夜警のとき監督して番しておる。もう逃げられんですよ、はい。そいで野田さんがもう、あれも自分の～野田さんの用心棒一人居りますでしょ。トウベ（不明）という内地人ね、背高くて大きいの体、力も強いですよ。あれとはもうトウベさんがジョウドウ（不明、柔道？）用心棒である、監督である。あの人はもう良いですよ。あの人は裏切れない。「可哀相、可哀相」と言ってくれる。まあ今□□（不明）この前聞いたら、また居るとの話聞いたからね。

――いま考えても当時のこと思うとぞっとなさるでしょうね

周　いやもう、今日になりゃ命あると思わなかったね（笑い）。

――いま、仕事は何なさっていますか

周　私ですか。え～今、もうそうだね眼が閉じってね、何も出できないですよ。まあ政府の□□（不明）公費頂いてこういう日雇いしてます。

――創価学会にお入りになったんですか

周　はいはい、創価入ってもうそうだな七年くらいになりますね。

――どういう理由で入ったのですか

周　その時にはね、まあ一つに人間の革命だな、ね。また来世のためにね。人間はね生きているうちはどうでも良いとね、来世が一番大事ですよ、ね。皆んな死ぬ時はね、また生きて死ぬ時来たらまた生きたり、死ぬたらまた生きたりするんだからね。たとえば我々皆生きているでしょ。はい、朝起きたらちょっと起きて、はい今晩来たらまた寝る、あれと同じですよ、人間は来世が一番大事ですよ。自分の体健康、はい毎日が健康ね、今日一日に無事にね、また皆んな仲良くしてね、いこうと……。

（間）

――奥さんと結婚なさったのはいつですか

周　何ですか、いやわしゃ一人ですよ。

――奥さんじゃないんですか（後の方で笑い声～）

周　わたしゃ一人ですよ、まあ私はね、そうねあの時はね、西表からこっち逃げて来て、しばらくして、まあ一番最初は台湾人の、同じ台湾人うち（家）のねヨウケンフク（不明）といううち（家）に下男になってね、あっち働いておったですよね。そしてあっち働いて、そしてあまり面白くないからね、食うものもないし、まあ芋食べて、芋のカズラ、ツルは炊いて食べて面白くないから、また川原部落に入ってリッケンシツ（不明）いま台湾に居りますでしょ。その方と炭窯作って炭焼きしとったですよ。約三年間炭焼きしっとった。炭焼きしたから宮古の女連れて、しら（不明）作ったですよ。八年間の内に子供二人できましたでしょ。それこっちに眼が少し悪くなったからね、女がこりゃ大変だ、もう自分のこっちはもう食わしきらんと、こう思ったでしょ。子供二人連れて逃げてしまったですよ、はい。

――何処にいるかわからないですか

周　いや現在沖縄にいます。子供も去年頃は、私のところに来たんさ、二十三歳かねちょうどよ。十八年目に来たですよね。まあ来てぇ〜やっぱり来てあんまり熱はないさ（笑い）。また、わしも探しもした、だからもう自分はもう十八年間こんな苦労して一人でずっと、一人の生活してね、こんな苦労して来たですよ。

そいで私も今年の一月の二十日かね、三十年ぶりに台湾に行きましたでしょ、はい。台湾に行きまして、行った日は旅館に泊まったですよね。まずね自分の生まれ故郷に行って、わしのシマ（不明）基隆ですよ、台湾の基隆ですよ。行って姉さん探してみようと、とうとう姉さん探された、はい。三十年ぶりに、姉さんも私の顔すっかりわからなかった、はい。そしてからね、その時は姉さん泣かしたり、姉さんの子供ね、姉さんの子供三人おりますけど女の子二人、男の子一人おるさ。だからあれも孫も七人みえてるんだからね、皆んな泣かして、それからもう、まあ信心のおかげで□□（不明）兄弟も□□（不明）感謝したですよ。ご本尊に～。まあ～と八日くらい居って、また帰って来て、また四月の二十日また行ったですよ。また行ってただ遊びに行っただだからね。行って帰って来て、後はどんどん手紙来るでしょ、台湾から。もう一日もね台湾に引き揚げて来なさいと、孫たちもうあんた一人ねあっち居ったらね安心できないと、家族は皆んな看てるから早く帰って来い、帰って来いとまあ手紙二枚も三枚も来るですよ（笑い）。

――お帰りになる気は無いのですか

周　そうねぇ～やっぱしね今考えたらね、私の、立場はねマネーと口（不明）の方が良いですよ。

――どうしてですか

周　まあ、私働いていないでしょ。もうめくらやからね、何しようとちょっとできないでしょうね。こっちシンワ（不明）補助あるでしょ、補助ね。医学補助ねあるさ。まあ月に私現在、一万五千五十五円貰っているさ。台湾にはね、この補助が無いんですよ、台湾では。福祉事務所っていま無いんですよ、台湾、はい。貧乏人である。金持ちである、だから今度ね、一人ぼっちの人ね、子供いない人は年寄りはね本当困るんですよ、台湾は、はい。だからね、わし眼あればね台湾帰ればね何とか仕事できるさ。一人食うぐらいね問題ないですよ、ね。眼見えないでしょ、だからわしゃもうこっちが良いと思うですよ。もう死ぬまで、どうでもまだ若いだからね。大正五年生まれですよ、まだ若いですよ。

もし年取ったらね養老院入りますでしょ（笑い）。

あなた養老院行ったですか、厚生園行ったでしょ。

――行きました

周　あの方の話どうなんだった。

――やっぱりそういう話をしていましたね。モルヒネ打つということは逃げられないようにするんですか

周　そうですよ、そして医師が出前するですよね。これ医師が来てね、そして私もあるですよ、野田さんの許可なければね、その許可の札もたなかったら、……野田さんの□□（不明）れない、はい。

――モルヒネ打つなんて大変ですよね

周　あ～ん大変よ、そしてまた～。

――野田さんのところもモルヒネ打ったんですか

周　どこですか。

――野田さんのところでも

周　はい、野田さんの台湾人はただ一発だけ、謝景という人のね～。

――謝景という人のところの人もモルヒネ打ったんですか

周　はい、謝景という人は、あれの人のところは、ちょうどいま西表の白浜の山の上の家に行きました、あの辺です。あれは何か言うかヨウケンフクか□□（不明）。あれも炭鉱の人、いま農業している。

――丸三の野田さんのところもモルヒネ打って逃げさせないようにしたんですか

周　そうですよ。

――それは内地の人も皆んな～周さんも打たれたことありますか

周　ありますよ～。

――打たれるとどういうかたちになるんですか

周　そうね、こんだまあ、例えば逃げるでしょう、逃げるに、今度捕まえてきたら、□□（不明）みたいに叩く。なあそうでしょ叩いて、今度ね三名に探しに行くでしょ。その人の経費、一切掛かった手間全部こっちが、逃げる人負担する、はい。

――また借金が増えるんですね

周　増える、はい。

――さっきのモルヒネ注射打たれたことありますか

周　あ～それか、え～そうね私は一遍やりました。モルヒでしょう。はい、一遍打たれました。

――**打たれると気持ち良くなるんですか**

周　そう打たれたらね、記憶はきくんだ、そうするとね時間過ぎたらまた、体だる～してよ、ね、悪いですよ。だる～て仕事できないですよ。メシも欲しくないでしょ。こんどもう一本また打ってみたら、また元気つくでしょ。そして仕事やる。今でも腹痛い痛いでしょ、もう死にそうに痛いでしょ、一本打ったらもう～鎮まる（不明）はい。

――**モルヒネの中毒になりますでしょう。例えばもし逃げた時なんかモルヒネ恋しくなって戻って来るわけですか**

周　そうね、そうなるね、はい。

――**そのために打ったんですよね**

周　はいはい、こりゃ台湾人の組やつ。

――**野田さんのところでも打ったわけですか**

周　はい、野田さんのとこはあんまりそう酷くない。□□（不明）。

――陳蒼明さんの炭鉱はどうなんでしょうか

周　あ～あれもう聞いたことないね。一番酷いのは謝景、謝景の組、……まだその時ね謝景は西表のホープ（不明）と言いますかね、もう幅がきいているでしょ。そんでね台湾の運搬船来てね、材木積んで行くでしょ。皆んなね、その船に相談してね、船に隠して逃げるでしょうな。もう謝景はね、すぐその船命令かけて、その船すぐ戻って来ないといけない。こういう力あるでしょ。与那国まで行ってもね、この船の中に皆んな隠れてあるともうわかるでしょう、もう、すぐ全部与那国まで行ってよ、与那国の港確かめてよ、その船またすぐ戻って来ないといかんですよ。謝景あのときはもう、西表の星だ。皆んな、いくら殺したいすんだか（不明）。わからんでしょ、謝景。だから鉱夫にね、謝景の命取るですよ、なかなか殺されない。だから西表の星と言うとるですよ。

――何人か殺そうとしたんですか、謝景を

周　はい、事実よ□□（不明）謝景夜寝ているでしょう、台湾の夜のとこ（床）ね、ゆか（床）掛けてなんか、寝てるさ。そのマイト（ダイナマイトを～）はい、あれつけて床に三発投げても絶対発射しない。

――**何ですかね**

周　はい、あの時はもうあれは本当西表の星と言うてるさぁはい。人間がね～たとえば人間がこの運命が～ああいう運命でしょ、運か、俺の目当てはそっちに□□（不明）。

――**西表の星とは**

周　西表の星、星と言うてるさ、天の星さ～。

――**謝景という方は生きているんですか**

周　え～もう亡くなった。パーンって亡くなった。

――**何人くらい使っておったんですかね**

周　そう、え～あっちは多いですよ。あっちはたいがい百名以上使ってたはずよ。用心棒も使ってよ、はい。

――**陳蒼明さんのところは何人くらい使っていたんですか**

周　陳蒼明さんはわしもはっきり、あれも二、三十名くらいおると思うたな。二十名か三十名くらいおりました。陳蒼明さんのところは、そうあんな馬鹿な扱いしない。また、□□（不明）も無駄に扱いしない。また二番川、コウボク（不明）といってね、あれとも、またいいですよ（不明）。雇はね、待遇は、はい。もう台湾の組はね、謝景だ。そいで丸三だ、はい。これ丸三がしんどいですよ。

収録Ⅶ　陳蒼明

〈石垣在住〉

——請負経営者として

陳　……あ～いっとき（一時）あっちで勤めてよ、□□（不明）の丸三炭鉱株式会社ね。野田小一郎のところでね私、炭鉱の山請けてよトン数で出して売っておったさ～丸三によ。

――丸三に売っていたんですか

陳　ええ請け負いして、一トンいくらとね。その時の一トン、私の方では十三円ね、一トン十三円で請けてよ、一千六百□□（不明）十三円で。

――人は何人使ってたんですか

陳　そん時は三十五名くらい使っておったな。

――ほとんど台湾の人

陳　はい、わし三人と……。

――台湾の人、一トン掘ったらいくらの金額になるんですか

陳　一トン掘ったら私の方はね、一トン掘った人は五円さ、二トン掘ったら十円さね。二トン掘る人もおるけど一トン半掘るのが多いさね。□□（不明）その時はお金大きいからよ、皆んな台湾家族送金なんかビックリしておったさ、うちの組だけは〜。

――他のところは酷かったらしいけど

陳　あの丸三直営組はね、見積もりというのがあってよ、こんどこっち入って石炭掘り出すにはね、一トン見積もったというて、一トン半見積もりした……あれそれまで出さんと、出たらね（坑内から）棒で叩かれるしね、非常にその会社側の方はね人事係置いてよ、相当……その鉱員なんかよ苦しめたわけさ。

――陳蒼明さんの場合は、最初は鉱夫として西表に渡って来たんですか

陳　私はね台湾では基隆炭鉱株式会社ね、あっちでね三カ年坑内で働いてよ、請負制度で来てからね西表にきてよ、見てね、まあ儲けそうだったらね請けしようとして、違う星岡に一時来てね、一カ月余してよ、丸三に入って、社長の弟森田オサムのね現在も居るはずだ。再三請けて〜「石炭出して頂戴」と五、六回お願いに来てよ、そんで請けて、台湾から随分募集して来て仕事したわけさ〜。

――昭和何年から何年までやっていたのですか

陳 私は昭和十七年からね、十七年から二十年までよ。

――三年できただけ

陳 はい、え～はいそして戦争が酷かったからよ、空襲中はいっときね、まあ開墾の建設隊よ、……アゲラ（不明）部隊に徴用されて軍属として二、三カ月は働いたけれどね。後はもう戦争が止めたからよ、そのままこっちに居たわけさ。人夫は皆んな台湾に送り帰してよ、戦後よもう炭鉱やらんから皆な帰って、自分だけまた復興しようと思うてよ、炭鉱起こしてやろうと思うてよ、待っておったさ。

――今でもやろうと思っていますか

陳 思ってしまう、いま皆んな気使うの（不明）もうやらんがしいよ（不明）。ちょうどわしも、戦後ね、戦後昭和二十四年か二十三年ね、奉仕団でもう動き回ったからよ、八重山に来て農業やっておったわけ。

――謝景さんも請け負いでやっていたんですか

陳 謝景は白浜の方で東洋産業の請けさ、丸三違うよ。あれはやっぱし大きな組あるでしょう、あっちは麻薬使ってるからよ、うちなんか人夫なんかあっちとか行ったりなんかしないさ。

――どういうかたちで麻薬を使ったんですか、モルヒネなんかを

陳 あ〜そうそう□□（不明）。

――モルヒネ打つと

陳 あ〜疲れないらしい。私の組はね、ぜんぜん中毒した組員いないからよ、あっちとは交わっていないわけです。

――野田さんの炭鉱と謝景さんの炭鉱では酷かったらしいですね

陳 そうね〜。

（会話を中断させるかのように後の女性が中国語で話し始める、中断）

――炭鉱辞めてから農業なさっていたんですか

陳 はい。

――炭鉱も需要が多くて大変だったでしょうね

陳　はっあえ～。

――西表の炭鉱は質は良いんですか、石炭は

陳　質はね、中層炭は質良いと本当ね。重層炭はちょっとそのボタというもの□□（不明）あれ多いところがあるので重層炭はあまりよう～ないね。中層炭上等石炭だったさ。それと、戦時中は西表の石炭ね、相当もう助かったようで話あるさ。その当時はね、東洋産業が相当の組で石炭出して台湾に請けるんよ。星岡鉱業所もね台湾の組二組あるしね。丸三炭鉱の方では台湾の組三組あるし、私とよ、オウブン（王文？）って組とキンチョウハ組とね、陳蒼明組と三組あって、相当石炭切って出してよ、いつも□□（不明）毎日よ。

――一日何トンくらい出たんでしょうかね

陳　一日は～相当出たはずね。私の方だけでもね二十トン以上は毎日出している、私の組だけでね。まだ、丸三直営組あるしね、相当出してあります。

（中断）

――陳蒼明さんのところには日本の人はいなかったですか、鉱夫は

陳　いない。友達はおる、はあっはあっ（笑い）。セガワさんとかいろいろ友達ね、現在厚生園にあるもね。毎晩、私の方が遊び来るさ。

そのまあ、鉱員の負担料なんか、経理したあとね、いろいろ話してね、遊んでおったさ。非常に仲良したさ。あの直営組の方（ほう）ね、直営組の方へは朝鮮人もあったさ。私の方はね、台湾人の組ばかり、皆んな台湾人ばっかりね～。

――台湾の方はよく働いた

陳　あは～働くは、直営組は働いてもあまり儲けないさ。あれ一トンまあ三円ないはずよ。相当安い値段でさせておったさ。それで食べて、晩酒一合飲んでよ、ちょうどいいくらいにして、毎日しないと食えないぐらいの給料で強制的に働かせたわけさ。見込みのとおりに出さなかったらよ、夜十時、十二時までも石炭掘らないといかんようになっておる。

――陳蒼明さんのところは何時から何時まで決まっていたんですか

陳　私の方は朝、鉱区みな把握してからよ、朝五時行ってね、午後一時頃皆な帰るよ。早く行って早く帰るさ。皆な請け負いでさしてるからよ、□□（不明）でと違うんで～。

――請け負いで

陳　はい、請け負いで一トンいくらでさせているからよ、皆な相当いい儲けて、私その時の炭鉱のあれ台湾人の組が東洋産業と星岡鉱業所とよ丸三炭鉱株式会社では十組以上あった。

私は優良組長だった、優良組になっているさ。□□（不明）連絡もらった時、こっち残って帰らんことの組いく組かあるんじゃない。

――台湾出身者である陳蒼明さんが台湾の方を使うというのは辛いこともありましたか、使いやすかったですか

陳　使いやすい。皆な一生懸命、いやこれはねその請け負い組の組長の私が鉱員に対する待遇によってさ。待遇というのは申し込んでくるのが多いので、陳蒼明のほうがね非常に儲けがいいしね、働きに対してねとっても待遇がいいからよ日本へ行こうではないかという、もう毎日来るのが多いさ、申し込んでね。自分で入ってくるさ、募集に対して連れて来たもんもあるけど、申し込んで来たもんもあるしね。

――そういう人たちは全部受け入れるんですか

陳　はい入れる、申し込んで来たら入れる。

――本土の炭鉱では前金を渡して連れて来ますが、陳蒼明さんのところは、そういう方法取らないでも

陳　え〜人物来る。台湾に募集した時にはね、船チャーターして乗って来るだけさ。それで儲けた金よ、家族送金の方は、こっちが便宜して送金してあげてよ、そして領収書持って帰ってね鉱員にあげてね、そして儲けからね引いてよ、残りまだ本人の小遣い銭ね、煙草銭とかね、花札遊びとかね、あんな遊びに使うのよね。まあ一カ月三回ね、十日に一回精算してあげるさ。一カ月三回払いよ、十日ごとに一回支払いします。非常に条件が良いので、鉱員がいっぱい来るよ。だから三十五名まで使っておったさ。

――日本の炭鉱夫は一日一日お金貰ったら皆使っちゃうけども台湾の人たちはお金貯められたんですか

陳　にぎった（不明）家族送金までしておった。

――他の炭鉱では金の代わりに札みたいなもの渡していたと聞いたんですけど

陳　あはっはっ（笑いながら）丸三の、私請けるところの丸三の直系鉱員さ、物件引き合い券といってな、五十銭のものと十銭、五銭ね、一銭ねあれ作っておったさ。その金を貰ってよ購買所からよ、購買部からね、煙草やお酒やら買っておったさ。ちくろう（不明）がご飯食べる時払ろうた、ちくろう（不明）があるさ、直営組の方はね。うちなんかの組ではね、炊事房付けてよ、好きな魚やら肉やらね野菜やら自由自在に買ってよ、炊事の方で食べさせておったけどね。丸三の方は違うでよ、あっちの指定とおりね昼食はいくらと晩食はいくらとね、朝はいくらと決めてね、現金で買うわけよ、働きから貰った金で自分で食べてる。

〈……間……〉

――陳さんの方では現金を支給してたんでしょう、切符でなくて

陳　うちは日本銀行券をくれてやります、十日にね。千円か二千円ね、石炭のトン数でね。すぐ精算書書き出してよ、現金貰っておった。私の方ではね、あんな物件交換券で、引換券よ、あの条件で働いた条件でないからよ。日本銀行券で貰うようになってるさ。どうせ郵便局持って行って鉱員の家族送金にはね、日本銀行だけできないからよ。あれ貰っても何もならないから、買い物しかできんよ。炭鉱会社の購買部からしか買えないからよ。

――西表全体の炭鉱で一番大きいのはどこだったんですか、丸三鉱業所だったんですか

陳　いや東洋産業大きい、その次が丸三鉱業所、次は星岡鉱業所、星岡さんも二、三年前に亡くなったらしい□□（不明）。

――その三つの中に請け負いというかたちで属していたんですか

陳 えっ～はいはい。

――吉沢さんという方いらっしゃいましたね

陳 吉沢さんはね東洋産業に属している。

――その請け負いをやっていたんですか

陳 あええ鉱区貰ってね、あれ、大きくやっておった。

――謝景さんという人も

陳 謝景も東洋。

――藤原さんという方は

陳 まだ、あれも東洋。リンケンミン（不明）、林タイゲンね台湾人ね、あれも東洋産業ね沢山ある。□□（不明）東洋産業は相当、組ある。

――東洋産業は元会社はどこになるか、三井かなにか

陳　いや三井か～□□（不明）東洋産業いまもあるらしいね。しかし、要はやっぱし財閥じゃないかな大きいやつで～。東洋産業は戦後もまだちょっと調べてたさ、またやろうかと調べて、しまいには主に油使うからよ、とうとう辞めた。一回また調べて帰って来た、社員のうち（家）を訪ねてよ。

――西表の炭鉱に鉱夫として来たのには何か理由があったんですか

陳　鉱夫としてね、調べて良い儲けあるか来て視察して帰ろうとしてよ、また二カ月くらい星岡さんのところで働いた。しまいには丸三炭鉱株式会社の社長の弟ね、森田小三郎（オサム？）が招いてよ、どうぞ請けて石炭出してちょうだいと何回も頼むから請けてやったわけさ。やっぱり相当儲けていたから私の方も、成績がいいから相当儲かっておったさ。

〈……**間**……〉

陳　一番可哀相なのは直系人夫さ、叩かれし、私の方の組の人夫がね、叩かれている声聞いてよ、叩いたら痛いとやるだろう、行って見たら、もうすぐ叩くん止めてしまうさ、人事係叩く。

私の組が入ってからよ、相当助かって皆んな喜んでおった。うちなんかの組によ、聞かれてたらよ、向こうも都合悪いと思ってよ、もうすぐ止めるさ。鉱員が一人行ってね窓覗いて見たら、皆んな叩くの止めてよ、それで相当助かったと……。

――当時は戦争で石炭出すのが至上命令だったでしょうから

陳 そう、その時はまあ相当成績優秀ね、鉱員の方に対してよ、その日のすしをね（不明）賞状（不明）あれ金一封ね、請け負い組は金二封ね、こうして上等にしてよ下さった。石炭沢山出したからよ。□□（不明）前後に私に入ってきたそのお金をね、十円ずつさ十円ね十円包んでよ。

――請け負いの方も一応炭鉱の経営者になるわけですか

陳 は、はいはい炭鉱経営者はいはい。炭鉱経営者で坑内もね、保安もね、自分で請け負い組みは自分でやるさ、自分で回ってよこっちは大丈夫、皆んな朝調べてから鉱員入れた。もうこれは入っちゃいかん言うたら、「×（かける）」してよ、かけるして、入っていいぞうは「○（まる）」付けてね、自分で聞きに来てね。

――石炭がでるあな（坑）とあまり出にくいあな（坑）いろいろありますよね、そういう振り分け

はどういう形で

陳　あれはね例えば一トン五円としてね、そしてあまりやりにくいあな（坑）がある時にはね、まあこれには対して一トン五十銭上げてあげるか、一円上げるか、あんなしとったさ。

――あなたここ入りなさいというのは

陳　ああ定数分けさ、あなたこっち入ってね、あなたこっち入って～（笑い）。そしてもう入ってよ、危ないようなところには「×」して、請け負い組がねまたちくり（しくみ？）ね安全に直すね。枠入れるか、あれ柱建てるか、あんなんしてよ安全にしてから、また掘らした。これは請け負い組の負担なるさ。採炭夫にはこれ負担させないさ。採炭夫は石炭出すだけの～さ。

――鉱夫で働いている方の楽しみは何ですか

陳　帰って……。

――帰って来て酒を飲むとか、何とか楽しみあるでしょう

陳　それはね、私の組ではね、しょうき（不明）の花札よ、あれ楽しみにしておったさ。風呂に入ってよ、坑内に弁当持ってってってよ一時二時頃帰るからよ、風呂に入って、ゆっくり遊んでから夕ご飯してね、まだ遊びたい人は午後、晩の十二時まで指定されてるさ。私の方で指定されてよ以後は明日の仕事にね、思うようにできないからよ、まあさせないわけさ。一番遅くて晩の十二時まで遊ばす。別にね、あんなものないからね～。女で遊ばすあれまだ、丸三設けてないからよ。西表の炭鉱皆んなあんなものないさ、私が来ている時よ。まあ、白浜の方ではね、軍の慰安婦ね、慰安婦というか兵隊がよ、まげてよ（不明）入るけどね、楽しみさせる……。

――慰安婦

陳　そうそう～。あれ、まげて（不明）入るけどね、私の方ではね、丸三の方ではない。だから皆んな二、三カ月働いたらね、台湾に行ってその時は船一週間に一回あるからよ、行って家族見て帰る人あるしね、だから皆んな喜んで働いておったさ。

――白保の方にあった慰安場というのは軍専門の慰安場なんですか

陳　はいはい……。

――炭鉱の人は利用できなかったんですか

陳　う～ん、嘘の話（不明）できないね。炭鉱の方（かた）はやっぱり利用されているらしいさ、話は遠くてもね、ちょっと離れているから。

――慰安婦の方は朝鮮の方が多かったですか

陳　朝鮮が多かった、朝鮮の婦人だ、はいはい多かった。

――その人たちはどうなったんでしょうね、戦争終わってから

陳　戦争終わってね、こっちで結婚したり、帰ったりしとったさ。希望によってよ、すぐ帰ったの多いな～。

――石垣にいますか、そういう商売なさっていて

陳　石垣、いないね、□□（不明）いないね。

――慰安婦で台湾の女の人いなかったんですか

陳　ないない、なかった。

――朝鮮の女の人は皆んな強制的に引っ張ってこられたらしいですけどね

陳　あ～はっきりわらんけどね。わし一回夜□□（不明）病院の、東洋産業の炭鉱である病院だったけどね、一回あっちで一週間くらい入院したけどね、あれなんかと隣なっているからよ、夜、兵隊がね夜中こんな庭で押さえてよ、まあ苦しめているのを聞いたさ。やっぱり女、可哀相だったさ。

――女の人を虐めているんですか

陳　あ～兵隊がよ、酒飲んで酔っ払って、逃げたら追って倒して押さえてね、あんなしとったさ。

――強姦みたいで

陳　あ～そんなかたちでよ、可哀相と思っておったさ。あれ私が聞いて見てことあるさ、また夜中あんなあるな～。

――日本人って悪いことしたから

陳　う～ん、女の立場も考えてやらんといかんのな～。

――慰安婦には日本の女はいなかったですか

陳　朝鮮の方が多いね、朝鮮が多いね。日本の女はないさ、いなかったな。

――若い女の人でしたか

陳　三十越しているね、三十くらい三十越しているのが多いね。あまり若いの若手はいない〜。

――日本は悪いことしたから、台湾の人や朝鮮の人にだいぶ大変迷惑かけたと思っているんですけどね

陳　私なんか徴用されて、三十番目よ（不明）、相当食糧制限されておったさ。一日に米二合ね配給さ、始めは四合だったけどね。芋一斤だよ。二合だったら半斤だから足らんよ。皆んな芋ろごしてよ（不明）□□（不明）卵や大根ろごして（不明）食べとったさ。そいで黒牛殺して、馬殺してよ、あれ牧場に生きているのよを〜、皆んな引っ張ってきて食べとったぞ、そうしないとね食糧足らんからよ。軍の方で制限されているから、これをもう三カ年分とか五カ年分とかあんなに残す、倉庫に置いてよ。食べさせんで置いたぞ。軍属に会った時よ、二、三カ月くらいあんなの食ってよ。丸三は直営組はね、皆んな徴収されたよ。その時二、三カ月くらい炭鉱止めておった、軍の規則だからといって……。

――軍の炭鉱もあったんですか

陳 いや、軍の炭鉱しない、あの砲台ね、敵の軍来た打つ砲台とかね。そいでまたあれ、野砲なんか置く、山の山腹穴掘ってよ、あれ入れてね打ち出す、まだ穴、鉄砲の弾入れるものね、あれは炭鉱の人しかできんからな。

普通の人徴用したってよ、もうまあ（坑の）外の仕事しかできん。坑内の仕事皆んな炭鉱の人徴用されたわけさ。あるだけの鉱夫全部よ、全部徴用されてよ、あちこちに入ってやっておる。仕事しておって〜。

（中断）

終

あとがきにかえて

【調査・撮影行程】　取材班（北村皆雄・柳瀬裕史・松村修）

昭和四十七年（一九七二）

八月十九日

朝　大嶺さんの車両にて古見部落から高那まで行き千二百円を支払う。これから先は道路がないので徒歩にて海岸線を。

午前八時五十五分　船浦に向かって出発。

午前十時頃　ユツン川を渡り切る。事前情報よりも水深浅く膝下くらいで渡り赤離で休憩。波打ち際を徒歩のため北村氏がサンゴ礁の岩場で足の親指を裂傷し、かなりの出血、応急手当の後再び前進。

午前十一時十五分　伊武田にて休息し持参した握り飯を食べる。遠くに船浦部落が美しく見える。波の上崎を回り込み船浦湾にさしかかり、その広大さに圧倒される。途中から湾を約一キロ半横切ることにし、約一時間半をかけて渡り切る。休憩後、船浦部落にてジュースを飲む、乾いた喉に冷たく沁みわたり生き返った。一本百五十円。船浦在住の元炭鉱坑夫、日高さんに会い約三十分聞き取り録音を行う。その後、パイントラックに便乗させて頂き上原部落へ向かう。上原旅館への途中、道端にて北村氏の親指の二度目の手当てをしながら、握り飯を食べる。

・上原旅館の本田さんの案内で車にて炭鉱坑口のある中野地区に向かう。坑口跡を撮影。浦内で元炭鉱経営者の吉沢さん聞き取り録音・撮影。記念にとの依頼で天皇の写真の前で撮影をする。その後、浦内川橋まで車で向かい貯炭場跡を目指して道なき道を身の丈ほどの草を掻き分けて進み撮影。祖納へ足を延ばし部落を視察する。東部の古見とは違う開放的な佇まいに感動するとともに柳瀬氏はかつてのフィリピンの雰囲気を思い出していた。

・上原部落に戻る途中で夕日が沈む石炭積み出し桟橋を撮影して旅館に帰る。陽は高いが十九時を回っていて遅い夕食をとる。

・夜、区長が村で急病人が出て石垣島の病院に搬送用ヘリコプターを要請した。着陸地点を示すため村中の車を船浦中学校の校庭に集結させヘッドライトを点灯し待つがなかなか到着せず。結局夜間で天候悪化のため明朝まで待機してとのこと。上原には保健婦さんが一人いるだけで全く医療施設はない。

八月二十日

午前六時　旅館の車に便乗し昨夜の校庭に向かう。六時二十分ヘリコプター着陸、中学生の患者を収容し、すぐに飛び立つ。

・上原に戻り本田さん同行して元坑夫太田さんインタビューするもなかなか核心に触れた話をしないが、徐々に話に乗ってくる。

午前八時　朝食を取り、車にて祖納に行き、村と診療所を撮影。その後、中野に戻り廃坑口を再び撮影。昼食用の弁当を作ってもらい船浦に向かい再度元坑夫日高さんをインタビュー撮影。

午前十一時十五分　船浦を出発、帰路に就く。引き潮のため往路より四十五分短縮し湾を通過できた。

午後一時十分　赤離にて昼食をとりしばし休憩。海水浴や魚取りに遊ぶ。

午後一時五十分　赤離を出発。帰路三分の一程度の道のりを猛暑と水分不足で往路よりも時間を費やし、疲労が激しくかなり危険な状態に陥る。

午後三時三十分　やっとのことで高那の海岸まで辿り着き、近くにあった牛の放牧用の水飲み場で真水を飲み休憩。予約していた住友の車両が来ていないため徒歩にて琉殖農場の番小屋まで辿り着き、誰も居ない番小屋のお茶を頂いて休憩をする。しばらくして女性の作業員が戻って来て古見に戻る車があるとのこと、便乗させてもらい午後六時頃ベースの古見小学校に戻ることができた。

八月二十七日

石垣新川の八重山厚生園に入所元炭鉱夫及び台湾出身で石垣在住の周沈金さんと陳蒼明さんの撮影・収録を実施した。

（当時の日誌より）

「はじめに」にも書きましたが、本文の中に多々ある（間）とか（中断）、（不明）で読者の方々には読みづらいと思います。撮影・収録当時、元抗夫の方々が苦闘の体験を語るまでには、すでに三十年余りが経ていました。これは当時を思い出しながら、時には思い違いや言い間違えに考え込み、絞り出すように訥々とまた饒舌に語ってくださった元坑夫の方々の収録音声そのままに書き起こした結果でもあります。どうか、文字では表現できない（間）や（中断）に込められた言葉にならない思いや、生活音とともに聞こえてくる同居人のつぶやく声などをくみ取っていただければ幸いです。

長い時を経て、このような記録を残すことができたのは、元坑夫の方々はじめ多くの方々のご協力をいただいた結果であります。ここに、厚く感謝申し上げるとともに、改めて、もうこの世にいない坑夫の方々のご冥福を祈ります。

松村修

昭和四十八年（一九七三）、『**アカマタの歌**——海南小記序説／西表島・古見』の映像が完成し、初めての上映会を六月十二日、十三日、十四日の三日間、東京・新宿で行なった。

その後、琉球新報社の三木健氏が資料の存在すら不明で調査困難な頃から二十年余りに亘って数々のフィールドワーク（調査・研究）をされた成果を、貴重な著書として数多く上梓されています。

【参考資料】

吉岡攻「地の底でうめく坑夫の声――沖縄・西表炭鉱聞書」『朝日ジャーナル』(一九七二年九月二二日号)
三木健『聞書　西表炭坑』(三一書房・一九八二)
三木健『沖縄・西表炭坑史』三木健(日本経済評論社・一九九六)
三木健編著『西表炭坑写真集』(ニライ社・新日本教育図書　二〇〇三)

本書の作成にあたり、株式会社ヴィジュアルフォークロアの方々にひとかたならぬご協力をいただきました。また、本文の構成など多岐にわたって樹林舎編集部の折井克比古氏にお世話になりました。

ここに深く感謝申し上げます。

著者略歴

松村修（まつむら　おさむ）

1948年（昭和23年）北海道小樽市生まれ。1973年 映画『アカマタの歌——海南小記序説／西表島・古見』制作後、映像制作会社数社で、数多の短編映画、VP、TV-CMの制作に携わる。映像制作プロデューサー。

沖縄・西表炭鉱　坑夫聞き書き 1972

2020年11月6日　初版1刷発行

著　　者　松村修

発　　行　樹林舎
〒468-0052　名古屋市天白区井口1-1504-102
TEL:052-801-3144　FAX:052-801-3148
http://www.jurinsha.com/

発　　売　株式会社人間社
〒464-0850　名古屋市千種区今池1-6-13　今池スタービル2F
TEL:052-731-2121　FAX:052-731-2122
e-mail:mhh02073@nifty.com

印刷製本　モリモト印刷株式会社

ISBN 978-4-908627-59-0